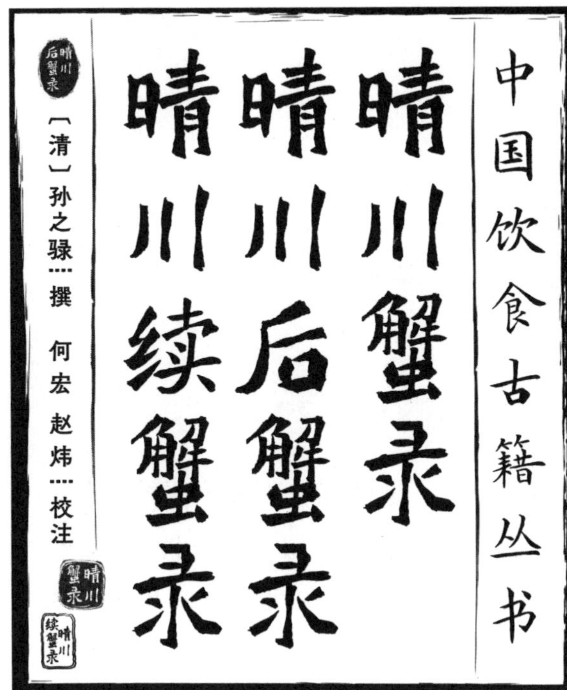

中国轻工业出版社

校注说明

《晴川蟹录》是清代一部关于蟹的专著。

孙之騄，字子骏，又字晴川，浙江仁和（今浙江杭州）人。约康熙年间生人。贡生。雍正年间，年逾六旬，官庆元县（今浙江庆元）教谕，与诸生讲学。性耿介，博学好古，尤专于经。

据《清史稿·孙之騄传》载，孙之騄著有《孜定竹书纪年》十三卷，《松源经说》四卷，《二申野录》八卷，《晴川蟹录》四卷，《枝语》二卷，《南漳子》二卷，《别本尚书大传》四卷，《夏小正集解》，《松源集》及《樊绍述集注》，《玉川子诗集注》等，并传于世。

《晴川蟹录》成书于康熙五十五年（1716年），以后陆续辑成《晴川后蟹录》《晴川续蟹录》。

本书以藏于浙江图书馆的清刻本《晴川八识》为底本。

具体校注原则如下：

1. 将繁体字竖排改为简体字横排，并加现代标点。

2. 凡底本中的繁体字、异体字、古字、俗字，予以径改，不出注。通假字，于首见处注释，不改字。难字、生僻字、词于首见处出注。

3. 凡底本中有明显误脱衍倒之处，信而有征者，予以改正，并出校说明；无确切证据者，出校存疑。

4. 凡底本与点校本之字有异，义皆可通者，原文不改，出校说明；点校本明显有误者，不再出校。

总目录

晴川蟹录

《晴川蟹录》书影1

晴川蟹錄卷之一

仁和孫之騄一字晴川輯

譜錄

離象

易之離象曰爲鼈爲蟹爲蠃爲蚌爲龜孔穎達云取其剛在外也

有匡

檀弓曰成人有其兄死而不爲衰者聞子皋將爲成宰爲衰成人曰蠶則績而蟹有匡范則冠而蟬有緌兄則死而子皋爲之衰孔穎達云蟹背殼似匡

《晴川蟹录》书影2

序

余与子晋[①]孙君谊戚交，尤以文字相好，时已有名。诸生间校艺，先登者数矣，然非君好也。君所好者，我自读书耳。杜门却扫[②]，坐拥群籍，研精纂要，网罗古今。曩[③]缉《二申野录》[④]，天人之故洞如[⑤]也。三秋偶暇[⑥]，复成《蟹录》。四卷竭兹物情畅，厥理趣名。虽述古意，由独造调元养生不为无助；岂徒嗜奇，姑一试其雕虫哉！君以博士征，韬光不出，复能绩学著书，令后世知

---

① 子晋：中国神话人物王子乔的字。相传为周灵王太子，喜吹笙作凤凰鸣，被浮丘公引往嵩山修炼，后升仙。这里指孙之騄因有才而成为神仙一样的人。

② 杜门却扫：关上大门，扫除车迹。指闭门谢客，不和外界往来。语出《魏书·李谧传》："杜门却扫，弃产营书。"

③ 曩（nǎng）：以往，从前，曾经。

④《二申野录》：孙之騄撰的一本关于明朝灾异野闻的编年录。

⑤ 洞如：即洞如观火，意思是清楚得就像看火一样，形容观察事物非常清楚。

⑥ 暇：通"暇"，闲之意。

有孙子，余则嘿嘿渔樵农圃之俦[①]，独叙是录，从其好也。君其以余为知言否耶？

丙申[②]长至[③]　姻弟沈绎祖拜题

① 之俦（chóu）：像……一类的人。

② 丙申：康熙丙申年，即1716年。

③ 长至：即夏至。夏至白昼最长，故称。

卷一 谱录

离象

《易》之离象曰：为鳖，为蟹，为蠃[1]，为蚌，为龟。孔颖达[2]云："取其刚在外也。"

有匡

《檀弓》[3]曰：成[4]人有其兄死而不为衰[5]者，闻子皋[6]将为成宰，为衰。成人曰："蚕则绩[7]而蟹有匡[8]，范[9]则冠[10]而蝉有緌[11]，兄则死而子皋为之衰。"孔颖达云："蟹背壳似匡。"

---

① 蠃（luò）：通"螺"。
② 孔颖达（574—648年）：唐代经学家，主编《周易正义》。
③《檀弓》：《礼记》中的一篇。
④ 成：成邑，春秋鲁地，今山东境内。
⑤ 衰（cuī）：麻织毛边丧服。
⑥ 子皋：孔子的学生。
⑦ 绩：以丝织茧。
⑧ 匡：同"筐"，意为壳。蟹壳似筐。
⑨ 范：指蜂。
⑩ 冠：帽子，戴帽子。蜂头隆起，好似戴帽。
⑪ 緌（ruí）：《说文解字》：緌，系冠缨也。谓缨之垂者。《礼记·檀弓》：丧冠不緌。在这里当指蝉衣。

仄[①]行

《周礼》：梓人[②]为簨簴[③]，别叙：小虫蟹属，以为雕琢。郑康成[④]注云："刻画祭器，博庶物也。"虫自外骨[⑤]至胸鸣[⑥]，内有仄行者，释云"蟹属"。贾公彦[⑦]疏曰："今人谓之螃蟹，以其侧行者也。内却行[⑧]者，螾衍[⑨]之属，即由延也。脰[⑩]鸣者，即虾蟆也；纡行者，即蛇也。"案：《周礼》祭器，未有以由延、螃蟹、虾蟆、蛇为饰者，不知起何法制？且经文但云以雕琢耳，康成专取为祭器之饰，义诚未安[⑪]。

蝤蠌

《尔雅·释鱼》篇云：蝤蠌，小者蟧。劳，螺属，

---

① 仄：侧。

② 梓人：木工，匠人。

③ 簨簴（sǔn jù）：同"栒虡"，亦作"笋虡"。古代悬挂钟磬的木架。其木直立者为虡，横牵者为栒。

④ 郑康成：即郑玄（127—200年），字康成，北海高密（今山东高密）人。

⑤ 外骨：龟类动物。

⑥ 胸鸣：蝾螈类动物。

⑦ 贾公彦：唐代经学家，唐高宗永徽年间（650—655年）官至太学博士，著《周礼注疏》。

⑧ 却行：倒行。

⑨ 螾衍（yǐn yǎn）：今称蚰蜒，即文中"由延"。

⑩ 脰（dòu）：脖子、颈。

⑪ 未安：未必妥当。

见《埤苍》[1]。或曰：蝑蠌也，似蟹而小。

走迟

《大司乐》[2]：乐，六变。注："蛤蟹则走迟[3]。"

虫孽

越王勾践召范蠡曰："吾与子谋吴，子曰未可也，今其稻蟹不遗种[4]，其可乎？"注：蟹食稻。对曰："天应至矣，人事未尽也。王姑待之。"

性躁

《荀子·劝学》篇云：蟹六跪而二螯，非蛇鳝之穴无可[5]寄托者，用心躁也。注：跪，足也。螯，蟹首上如钺者。序语：蟹皆八足，此云六者，谬文。然今观蟹行，两小足不着地，以无用，所略而不言。

---

①《埤苍》：魏张揖著语言文字学专著。大约佚于宋代。

②《大司乐》：出自《周礼·春官》。

③ 蛤蟹则走迟：原作"蛤蟹走则迟"，据《周礼·春官·大司乐》改。出自贾公彦《周礼义疏》。

④ 稻蟹不遗种：蟹吃光了稻谷连种子都没有留下来。

⑤ 无可：原作"无所"，据《荀子·劝学》改。

左持

《晋春秋》：毕吏部卓[①]，字茂世，尝谓人曰："左手持蟹螯，右手执酒杯，拍浮酒池中，足乐一生哉。"

捕鼠

《淮南子》曰：使蟹捕鼠必不得。

不啖

虞预《会稽典录》云：吞舟之鱼，不啖虾蟹。《玉篇》作虾，长须虫也。熊虎之爪，不剥狸鼠。

郭索

《太玄[②]·锐·初一[③]》：蟹之郭索，后蚓黄泉。范明叔云：一，水也，所称泉亦为水；所称蟹，五为裸；所称蚓，言蟹之后蚓者，用心之不一，虽有郭索多足之蟹，不如无足之蚓者，以其用心之一也。

---

① 毕吏部卓：毕卓（322—？年），字茂世，东晋太兴（318—321年）末年做过吏部郎，人称毕吏部。

②《太玄》：即《太玄经》，西汉扬雄（前53—18年）撰。

③ 初一：底本作"前一"，据《太玄·锐·初一》改。

蟛蜞

《晋书》：蔡谟，字道明[①]，初渡江，见蟛蜞，大喜曰："蟹有八足，加以二螯。"令烹之。既食，吐下委顿，方知非蟹。后诣谢尚而说之，尚曰："卿读《尔雅》不熟，几为《劝学》死。"

诛解系

晋解系，字少连，与赵王伦同讨叛羌。时伦信用佞人孙秀，与系争军事，更相表奏。朝廷知系守正不挠，而召伦还。系表杀秀以谢氐羌，不从。后伦、秀以宿憾收系兄弟，梁王肜救系等。伦曰："我于水中见蟹，且恶之，况此人兄弟轻我邪。"遂害之。

蛙吟

《庄子·秋水》篇：公子牟曰："子独不闻夫坎井之蛙乎？"谓东海之鳖曰："吾乐与！出[②]跳梁乎井干之上，入休乎阙甃之崖，赴水则接腋持颐，蹶泥则没足灭跗，还虷音寒，义云井中赤虫，一名蜎。蟹与蝌斗[③]，莫吾能若也！"

---

① 道明：底本作"明道"，据《晋书·蔡谟传》改。

② 出：原作"吾"，据《庄子·秋水》改。

③ 斗：原文为"斗"，即"蚪"。

龟长

《大戴礼》云：甲虫三百六十四，神龟为之长。蟹亦虫之一也。

侈味

《南史》：何胤，字子季，出继叔父旷，所更字胤叔。初，胤侈于食味，前必方丈，后稍欲去甚者，犹食白鱼、䱇市演反。脯、糖蟹，以为非见生物。拟食蚶蛎，使门人议之，学生钟岏曰："䱇鱼就脯，骤见屈伸；蟹之将糖，躁扰弥甚。仁人用意，深怀此怛，至于车螯蚶蛎，眉目内阙，惭浑沌之奇；犷壳外缄，非金人之慎。不悴不荣，会曽[1]草木之不若；无馨无臭，与瓦砾其何殊？故宜长充庖厨，永为口实。"

琐蛣[2]

郭景纯《江赋》云：琐蛣腹蟹，水母目虾。又《松陵集》注云：琐蛣似蚌，常有一小蟹在腹中，为蛣出求食，蟹或不至，蛣馁死。所以淮海人呼蟹奴。

---

① 曽：同"曾"。

② 琐蛣（suǒ jié）：亦作璅蛣。又名海镜，今称寄居蟹。

介虫之孽

《月令章句》曰：介者，甲也，谓龟蟹之属。《后汉·五行志》。

无肠公子

《抱朴子》云：山中……无肠公子者，蟹也。

天文

《释典》云：十二星宫，有巨蟹焉。

食证

孟诜《食疗本草》云：蟹虽消食，治胃气、理经络，然腹中有毒，中之或致死，急取大黄、紫苏、冬瓜汁解之，即差[1]。又云：蟹目相向者，不可食。又云：以盐渍之，甚有佳味；沃以苦酒[2]，通利支节，去五脏烦闷。予谓亦不可与柿子同食，发霍泻。

异名

《中华古今注》云：蟛蜞，小蟹也。生海涂中，食土。一名长卿。其一螯偏大者为拥剑，一名执火。

---

① 差（chài），同“瘥”，病愈。

② 苦酒：即醋。

诚嗜

《混俗颐生论》曰：凡人常膳之间，猪无筋、鱼无气、鸡无髓、蟹无腹，皆物之禀气不足者，不可多食。

兵异

《军略·灾篇》云：地忽生蟹，当急迁砦栅；不迁，将士亡。

集鼠

陶隐居云：仙方以黑犬血灌蟹，三日烧之，诸鼠毕集。

鲎类[①]

郭景纯传《山海经》云：鲎，形如车文，青黑色，十二足，长五六尺，似蟹，雌常负雄而行。渔者取之，必双得。即《吴都赋》所谓“乘鲎”者也。吕延济亦注云：似蟹。

① 鲎（hòu）类：节肢动物，甲壳类，生活在海中，尾坚硬，形状像宝剑。肉可食。

浦名

南齐建武四年[1]，崔慧景作乱，到都下，今之金陵。不克，单马至蟹浦，投渔人太叔荣之。荣之故为慧景门人，时为蟹浦戍，因斩慧景头，纳鳅篮中，送都下焉。

画

唐韩晋公滉，善画，以张僧繇为之师，善状人物、异兽、水牛等，尤妙于螃蟹。

输芒

孟诜《食疗本草》云：蟹至八月即啖芒两茎，长寸许，东向至海，输送蟹王之所。陶隐居亦云：今开腹中，犹有海水，乃是其证。予谓即陆鲁望云“执穗以朝其魁”者也。与夫羔羊跪乳、蜂房会衙，俱得自然之礼。

蛉腹

唐顾况，字逋翁。《混胎丈人摄魔还精符》曰：螟蛉之子，虾目蟹腹，即即周周，两不相掩。此之谓体异而气同。

① 建武四年：公元497年。

同鼠孽

唐陆龟蒙，字鲁望，作《稻鼠记》，引《国语》曰：今吾稻蟹不遗种，岂吴人之土，鼠与蟹更俟其便而效其力、歼其民欤？

为蓄

晋《隐逸传》：夏统，字仲御，会稽永兴人也。幼孤贫，养亲以孝睦闻。初，兄弟每采梠求食，星行夜归，或至海边拘蟛螁以自资养。

玉篇

八足。蟹二螯八足。虾普流反，似蟹，十二足，见郭璞《江赋》。蛃蟳。上方武，下布莫反，皆蟹也。

月令

季冬行秋令，介虫为妖。丑为鳖蟹。

图经

罗处约《新修苏州图经·鸟兽虫鱼篇》，蟹居其末。

琴声

《琴谱·履霜操》：有蟹行声。

唐韵

蟛螖。户八反，似蟹而小。予谓即今之蟛蚏也，一名蟛螖耳。虮。五忽反，蛤属，似蟹。蟹。水虫也。蝤蛑。上自秋、下莫浮。似蟹而大，生海边。簠。似蟹，生海中。予谓于食品中与苣胜、胡麻相宜。螯。蟹属。蠁。蟹大时也，予谓古今用螯、跪字，通作螯。螃。螃蟹，释云：本蟹，云俗加螃字。予案：《周礼》疏推作旁，取其横行，今字益虫，乃是俗加。陆德明所谓虫属，要作虫旁，草类皆从两屮是也。然则旁蟹之呼名，古矣，但不当加虫字耳。予谓今秀州华亭县济村所出，甚多小者，谓之黄甲，越人云：和盐泥养之，可踰月。蜥虹。下音功，江虫也，形似蟹可食，又音烘。鲏鳢。下音孩，雄蟹也。蚶。胡安反，蚶蟹，一名蚱虫。拥剑。剑，虫形，似蟹。崔豹《古今注》：拥剑，一名执火，其螯赤，谓之执火。鲭。蟹子也，以小反，又他果切。癖。蟹腹下癖，于琰反。蝑。盐藏蟹，事夜切。江蜥。寺绝反，似蝤蛑，出海中。蛩。虫，似蟹，四足，音北。

说文

六足。许慎《说文》云：蟹，六足二螯者也。蛫。九毁切，《唐韵》云：兽，似龟，白身赤首。胥。相居切，蟹醢也，《唐韵》从虫，盐藏之。

长生

陶隐居云：倦方：投蟹于漆中，化为水，饮之长生。

食蔖

陶隐居云：蟹未被霜者，甚有毒，以其食水蔖音建。也。人或中之，不即疗则多死。至八月，腹内有稻芒，食之无毒。

斩王摅

《晋书》：刘聪，字玄明，即伪位。左都水使者襄陵王摅，坐鱼蟹不供，斩于东市。

药证

《本草》云：蟹蝑，味咸，性寒，有毒。主胸中邪气，热结痛，㖞僻，面肿，解结散血，愈漆疮，养筋益气。取黄以涂久疽疮，无不差者。又杀蔖菪毒，其爪大，主破胞，坠胎。陈藏器《本草》云：人或断绝筋骨者，取胫中髓及脑与黄，微熬纳疮中，即自然连续。《海药本草》云：石蟹，案《广州记》云：出南海，祗[1]是寻常蟹，年深岁久，日被水沫相把，因兹化成石蟹。每遇海潮即飘出。又有一般者，入洞穴年深，亦成石蟹。味咸，寒，有毒，主消青盲眼、浮翳，又主眼涩。皆细研，水飞入药相佐，用以点耳。

① 祗：同“只”。

孝报

初，杭俗嗜螯蟇[1]而鄙食蟹，时有农夫田彦升者，家于半道红[2]，性至孝，其母嗜蟹，彦升虑其邻比[3]窥笑，常远市于苏湖间，熟之，以布囊负归。俄而杨行密将田頵于伦切。兵暴至，乡人皆窜避于山谷，粮道不接，或多馁死，独彦升挈囊负母，竟以解免。时人以为纯孝之报焉。

殊类

震泽鱼者陆氏子，举网得蟹，其大如斗，以螯剪其网皆断。陆氏子怒，欲烹之。其侣老于鱼者遽进曰："不可，吾尝闻龟蟹之殊类甚者，必江湖之使也，烹之不祥。"乃从而释之。蟹至水面，横行里许方没。

贪化

神宗朝有大臣赵氏者，名某。虽于国功高，然其性贪墨。私门子弟苞苴，上特优容之。一日，因锡[4]宴，上召伶官，使谕己意。伶者乃变易为十五郎，姓旁，因命钓者。俄一人持竿而至，遂于盘中引一蟹，十五郎见而惊曰；"好手脚长！我

---

① 螯蟇（jǐng mɑ）：蛤蟆。

② 半道红：地名，在浙江杭州武林门北，今仍存。

③ 邻比：邻居。

④ 锡：同"赐"。

欲烹汝，又念汝是同姓，且释汝。”翌日，赵果出镇近辅。

采捕

今之采捕者，于大江浦间，承峻流，环纬帘而障之，其名曰断。音緞。于陂塘小沟港处，则皆穴沮洳而居。居人盘黑金[①]作钩状，置之竿首，自探之。夜则燃火以照，咸附明而至焉。若鱼以饵而钓之。

泉比

煎茶之法，视其泉若蟹目然、鱼鳞然，第一法。

兵证

吴俗有虾荒蟹乱之语，盖取其被坚执锐，岁或暴至，则乡人用以为兵证也。

贡评

国家贡口实于远方者，蛤蜊亦贡焉，独蟹不贡。议者以为贡不贡，固有差品。予谓非也，蛤蜊止生于海涂，迩[②]京州郡无有也，故须上供。旁蟹盛育于济郓，商人辇负，轨迹相继，所聚之

① 黑金：铁。

② 迩（ěr）：近。

多，不减于江淮，奚烦远贡哉？予当见监御厨王染院云：“《御食经》中亦有煮蟹法，但不常御，锡命则进耳。”非谓无录而不在贡品。

风虫

蟹之腹有风虫，状如木鳖子而小，色白，大发风毒。食者宜去之。

郁洲

江浙诸郡皆出蟹，而苏尤多。苏之五邑，娄县为美。即昆山也。娄县之中，生郁洲吴塘者，又特肥大。郁洲即孙恩所保之地。

食品

北人以蟹生析之，酤以盐梅，笔以椒橙，盥手毕，即可食，目为洗手蟹。

怪状

吴沈氏子食蟹，得背壳若鬼状者，眉目口鼻分布明白，常宝翫[1]之。

---

① 翫（wán）：同“玩”。

断簖

蟹至秋冬之交，即自江顺流而归诸海，苏之人择其江浦峻流处，编帘以障之，若犬牙焉，致水不疾归，而岁常苦其患者，有由然也。虽州符遣卒，俾令弃毁，而吏民万端，终不可禁。罗江东云："蛟蜃之为害也，则绝流不顾渔人之钩网。"噫！水之病吴久矣，又非蛟蜃之比，绝流顾网，其才识固自有小大哉！长民者能推而不疑，亦豊[①]岁一助也。

蟹杯

其斗之大者，匡，一名斗。渔人或用以酌酒，谓之蟹杯，亦诃陵云螺之流也。诃陵酒樽用鲎鱼壳，谓之涩锋蠡角，内玄外黄。《松陵集》：海南人目螺之有文者，曰云螺，亦用以酌酒。

令旨

艺祖时，当遣使至江表，宋齐丘送于郊次，酒行语熟，使者启令曰："须啗[②]二物，各取南北所尚，复以二物，仍互用南北俚语。"使者曰："先吃鳣鱼，又吃旁蟹，一似拈蛇弄蝎。"齐丘继声曰："先吃乳酪，后吃乔团，一似噇脓灌血。"时朝廷方草创，用度不给，倚江表为外府，故齐丘

① 豊（lǐ）：丰盛。

② 啗：同"咬"。

及之。左右以令逼使之太甚，相顾失色，使者雅叹焉，故归朝而间行。

蟹户

钱氏间，置鱼户、蟹户，专掌捕鱼蟹，若今台之药户、畦户，睦之漆户比也。

兵权

出师下砦[①]之际，忽见蟹，则当呼为横行介士，权以安众。

蟹征

按《周礼》，獻人职掌渔征，入于玉府者，贡其须骨之用，以饰器物也。今鱼虽鲲鲕以至虾蟹，悉立征税之目，非若古人取须骨之意也。二浙运使沈公立以岁征，权奏罢之。议者谓其识体。

螺化

海中有小螺，以其味辛，谓之辣螺，可食。至二三月间，多化为蟛蜞。今人有得螯跪半成而尚留壳中者，此其证也。近青龙镇居民于江涂中得蟹，螯跪俱脱，其目若初，彼为怪，及熟烹去壳，则将化为蝉矣。噫！物之变化万

① 砦：同“寨”。

状，固不可究诘，今观蝉之首腹，颇与蟹相类。诚亦有是，但虑惊俗，又非予之所亲见，故附录之。

食珍

凡糟蟹，用茱萸一粒置厣中，经岁不沙。

蟹浪

济运居人，夜则执火于水滨，纷然而集，谓之蟹浪。

酒蟹

酒蟹，须十二月间作。于酒瓮间撇清酒，不得近糟，和盐浸蟹，一宿却取出，于厣中去其粪秽，重实椒盐讫，叠净器中。取前所浸盐酒，更入少新撇者，同煎一沸，以别器盛之，隔宿候冷，倾蟹中，须令满。蟛蜞亦可依此法。二三月间，止用生干煮酒。

白蟹

秀州华亭县出于三泖者最佳，生于通陂塘者特大，故乡人呼为泖蟹。又：亭林湖，近顾野王宅，乡人亦号为顾亭林。于天圣[①]末，忽生白蟹。即海中所生蚌是

① 天圣：为宋仁宗赵祯的年号，即1023—1032年。

也，但蝍不生于淡水，今忽有，因号白蟹。濒江之人，以价倍常，靡有孑遗，止一年而种绝。

荡浦摇江

吴人于港浦间，用篙引小舟，沉铁脚网以取之，谓之荡浦。于江侧，相对引两舟，中间施网，摇小舟徐行，谓之摇江。上接断，下接于陂塘。

纪赋咏

中躁外挠兮，冠带之徂。陆龟蒙《赋》。

蟹奴晴上临湘槛，燕婢秋随过海船。皮日休。

蟹因霜重金膏溢，橘为风多玉脑圆。

二螯或把持。杜子美。

亥日饶虾蟹。白乐天。

---卷二 事录---

轩辕星

《云笈七签》：轩辕星，天之后妃土官也。其神旦为羊，昼为蟹。

日蟹

黄帝时，日蟹、虹蟥、禺姑、牛蚁、黄神、黄爵、白泽、解廌之瑞，府无虚日。《路史》。

百足

《洞冥记》[①]：善苑国尝贡一蟹，长九尺，有百足四螯，因名百足蟹。其壳谓之螯胶，胜于凤喙之胶。

千里

《汲冢周书》：海阳巨蟹，其壳专车。《山海经》云：姑射国大蟹在海中。郭璞注：盖千里之蟹也。又云：女丑有大蟹。郭注：广千里也。

---

①《洞冥记》：旧题后汉郭宪撰，该书以汉武帝求仙和异域贡物为主要内容，道教意味较浓。

随潮

《升庵外集》云：古人制字有义，蟹随潮解甲更生新，故字从解。

应月

罗氏[1]曰："蟹腹中虚实，应月之盛衰。或云月黑则蟹肥，月明则瘦。"《淮南子》：蛤蟹珠龟，与月盛衰。

蟹穴

蟹从稻田求食，其行有迹，迹之得其穴。一穴辄一辈，然新穴有蟹，旧穴则否。

蟹舍

范成大诗："我亦吴松一[2]钓舟，蟹舍漂摇几风雨。"

黄大

《清异录》：伪德昌宫使刘承勋嗜蟹，但取圆壳

① 罗氏：指罗愿（1136—1184年），语出其著《尔雅翼》。
② 吴松一：原文为"湖江具"，有误，据通行本改。出自《倪文举奉常将归东林，出示绮川西溪二赋，辄赋长句为谢，且以赠行》。

而已。亲友中有言："古重二螯。"承勲曰："十万白八，敌一个黄大不得。"谓蟹有八足，故云。

夹舌虫

卢绛从弟纯，以蟹肉为一品膏，尝曰：四方之味，当许含黄伯为第一。后因食二螯，夹伤其舌，血流盈襟绛。自是戏纯：蟹为夹舌虫。

钤颊

《夷坚志》[①]：洪庆善从叔母食蟹，率以糟治之。一日正食，见几上生蟹散走，大怒，呼婢撤去。婢无知，复取食，为一螯钤其颊，尽力不可取，颊为之穿。自是不敢食蟹。

螯加山

《玄中记》：天下之大物，有北海之蟹焉，举一螯能加于山上，身故在水中。

林没水

《异物志》：昔有人行海得洲，林木甚茂，乃维舟登岸。爨于水傍，半炊而林没于水，断其缆乃得去，详视之，大蟹也。

①《夷坚志》：南宋洪迈（1123—1202年）撰笔记。

悬犬

《酉阳杂俎》云：平原郡贡糖蟹，采于河间界。每年生贡，斲[①]冰火照，悬老犬肉，蟹觉犬肉即浮。因取之，一枚直百金，以毡密束于驿马上，驰至京。

斗虎

蝤蛑大者长尺余，两螯至强。八月能与虎斗，虎不如。随大潮退壳，一退一长。山谷[②]《楚辞》云：螳臂美兮，当车；蟹螯强兮，斗虎。

化鼠

《晋书》："太康四年[③]，会稽蟛蜞及蟹皆化鼠，甚众，复大食稻为灾。"

秋时风致

杭人最重蟹，秋时风致，唯此为佳。林和靖诗曰："草泥行郭索。"又云："水痕秋落蟹螯肥。"是也。《西湖志余》。

---

① 斲：同"斫"。

② 山谷：黄庭坚（1045—1105年），号山谷道人。

③ 太康四年：即283年。

过却便没

《杂志》[①]：杜相苦痰嗽，性嗜蟹，人或止之。答云："痰嗽发犹有时，螃蟹过却便没。"

蟹腹

蟹腹下有毛杀人。《杂俎》。

蟹黄

宋葛起耕[②]诗："催破橙香荐蟹黄。"[③]

吴中贡御

《清异录》：炀帝幸江都[④]，吴中贡糟蟹、糖蟹。每进御，则旋洁拭壳面，以镂金龙凤花贴上。

内宴不食

《闻见录》[⑤]：仁宗内宴，十阁分各进馔[⑥]。有新蟹

---

①《杂志》：即《江邻几杂志》，北宋江休复（1005—1060年）撰。江休复，字邻几，河南开封陈留人。

② 葛起耕：南宋后期江苏丹阳诗人。

③ 催破橙香荐蟹黄：出自宋代葛起耕的诗《秋寓都城次赵君瑞韵》。

④ 江都：今江苏扬州。

⑤《闻见录》：即《邵氏闻见后录》，邵博撰。邵博，约1122年前后在世。

⑥ 十阁分各进馔：原文作"十门分进馔"，据《闻见录》通行本改。

一品，二十八枚。帝曰："吾尚未尝，枚值几钱？"左右对："值一千。"帝不悦，曰："数戒汝辈无侈靡，一下箸为钱二十八千，吾不忍也。"置不食。

遗酱

朱登为东海相，遗敞蟹酱。报书曰："蘧伯玉受孔氏之赐，必以及乡人。敞谨分贶于三老尊行者，曷敢独享之。"《张敞集》。

求酱

石崇冬月得蟹酱，齐王憕货崇，帐下求取去。《释名》。

艾灼

《淮南子》曰：夫释大道而任小数，无以异于使蟹捕鼠，蟾蜍捕蚤，不足以禁奸塞邪，乱乃逾滋。注：以艾灼蟹匡上，纳置穴中，乃热走穷穴，适能擒一鼠也。

纬萧[1]

《魏书》云：胡叟救蜀僧法成之死，法成感

① 纬萧：靠获蒿编织畚蒉为生的人。纬：编织；萧：获蒿。见《庄子·杂篇》："河上有家贫恃纬萧而食者，其子没于渊，得千金之珠。"

之，多遗珍物。叟曰："纬萧何人，能弃明珠？吾为德请，财何为也？"一无所受。

败漆

《淮南子》曰：漆见蟹而不干。《博物志》：蟹漆相合成水。《抱朴子》：若蟹之化漆，麻之坏酒，此不可以理说者也。

蟹愁

杨诚斋[1]《峡山寺竹枝词》："龟鱼到此总回头，不但龟鱼，蟹亦愁。"

辟疟

《笔谈》：关中无蟹，秦人家收得一干蟹，土人怖其形状，以为怪物。每人家有病疟者则借去悬门户，往往遂差。不但人不识，鬼亦不识也。

畏雷

北俗云：蟹无肠，故畏雷。杜牧诗[2]："未游沧海早知名，有骨还从肉上生。莫道无心畏雷电，海龙王处也横行。"

---

① 杨诚斋：即杨万里（1127—1206年），南宋诗人。

② 杜牧诗：此词为皮日休《咏蟹》。孙之騄记忆有误。

致雨

《建宁志》：相传建阳县[①]南兴上理山谷中，水极清冽。尝产白蟹，有直行之异。遇岁旱，乡人入谷以盆贮之，迎而归即雨。

蟹蛟

《伊尹书》有：蟹蛟。

蟹胥

《说文》：胥，蟹醢也。言其肉胥胥，鲜也。《字训》云：蟹之美在足，故以足。《周礼》庖人注[②]：青州之蟹胥。《集韵》作蝑。庾开府诗："浊醪非鹤髓，兰肴异蟹胥。"山谷[③]诗："蟹胥与竹萌，乃不美羊腔。"[④]

嗜蟹补外

《归田录》：国初，通判尝与知州争权。每曰："我是郡监。往者有钱昆者，余杭人也。"浙人嗜

① 建阳县：今属福建南平市。

② 庖人注：应为郑玄（127—200年）注。《周礼·天官·庖人》："共祭祀之好羞。"郑玄注："荐羞之物谓四时所膳食，若荆州之鱼，青州之蟹胥。"

③ 山谷：即北宋诗人、书法家黄庭坚。黄庭坚字鲁直，号山谷。

④ 出自黄庭坚《奉答谢公静与荣子邕论狄元规孙少述诗长韵》。

蟹常求补外，郡人问："今所欲？"曰："但得有螃蟹无通判处则可至。"今人以为口实。

一蟹不如

《圣宋掇遗》：陶穀奉使吴越，忠懿王宴之。因食蝤蛑，询其族类。忠懿命自蝤蛑至蟹蛆凡十余种以进。穀曰："真所谓一蟹不如一蟹。"

七人乞贷

《春渚纪闻》：余杭范达，夜梦甲胄而拜于庭七人。云："某等皆钱氏时归顺人，今海行失道，死在君手，幸见贷也。"既觉人有以蝤蛑七枚为献，因遣，纵之于江。

王吉梦

王吉夜梦一蟛蜞，在都亭作人语曰："我翌日当舍此。"吉觉异[①]之，使人于都亭候之。司马长卿[②]至，吉曰："此人文章横行一世。"天下因以呼蟛蜞为长卿。卓文君一生不食蟛蜞。《成都旧事》。

① 异：原本无。

② 司马长卿：司马相如（前179—前118年），字长卿。

东坡嗜

东坡嗜蟹，后有见饷者，皆放之江中，曰："不以口腹苦生类也。"

西湖判官

侍卫步司右军第三将狄训练，以绍兴三年[1]二月六日部诸寨兵，五更入受俸。至前湖门外，坐胡床以候启门。觉有坚物触其足，取烛照视，则一巨蟹，长三尺，形模怪丑。命从卒执缚送于家，复坐假寐，梦一人长须，容貌古恶，著淡绿袍，软帻黑靴，系乌犀带，持手板揖曰："某乃西湖判官，因出戏于绿野，蒙君虐执，虑必遭鼎烹之害。愿急驰一使往告，俾全余生，当谋厚报。脱或不免，在微命固不足恤，正恐为门下之祸，非细事也。"狄寤而门已启，众以次入城，未暇问及。事毕，奔马归舍，诸子已烹蟹分食，诧其甘鲜。独妻未下箸，狄话所梦，使勿食。未几，五子相继病死，唯狄与妻存。《夷坚志》。

吴兴太守

东坡《蝤蛑》诗："溪边石蟹小如钱，喜见轮囷赤玉盘。半壳含黄宜点酒，两螯斫雪劝加餐。蛮珍海错闻名久，怪雨腥风入座寒，堪笑吴兴馋

① 绍兴三年：绍兴为南宋宋高宗赵构年号，绍兴三年即1133年。

太守，一诗换得两尖团。”

戏呼蝤蛑

杨诚斋尝戏呼尤延之为蝤蛑，延之呼诚斋为羊。一日食羊白肠，延之曰：“秘监锦心绣口肠，亦为人所食。”诚斋笑吟曰：“有肠可食何须恨，尤胜无肠可食人。”世称蟹为无肠公子，一坐大笑。诚斋《和尤延之见戏触藩之韵》诗曰：“依爱山行君水游，尊前风味独宜秋。文戈却日玉无价，器宝罗胸金欲流。欬唾清圆谈者诎，诗章精悍古人羞。子房莫笑身三尺，会看功成自择留。”

虎蟳

《闽部疏》曰：海虫蟳有冬春间生者，蝤蛑类也。而色玛瑙，斗壳作狰狰斑斓画，似虎头，人名之曰虎蟳。予以配龙虾为的对也。

蟛蜎

蟛蜎，一名彭越。旧传，汉醢彭越赐九江王布，布不知而食，俄觉而哇出，于江中化为蟹而去。似蟛蜞而小，无毛，穴直，易取。《证俗音》。有毛者曰蟛蜞，无毛者为蟛蜎，堪食。俗呼彭越，讹耳。

蝤蛑

蝤蛑，一名黄甲，蟹之最巨者。壳纯青色，有两尖横出，螯员无毛，两螯八足，后二足匾而俯。

飞蟹

《广东新语》[1]：小娘蟹，其螯长倍于身，大者青绿如锦，味与诸蟹同。而新安人贱之，惟熟其螯以进客。有拥剑，五色相错，螯长如拥剑然。新安人以献嘉客，名曰进剑，为敬之至。有飞蟹，小者如钱，大者倍之，从海面飞越数尺，以螯为翼，网得之，味胜常蟹。

石蟹

崖州[2]三亚港，水淡多产石蟹。石上有脂如饴膏，蟹食之沾螯，濡足而死。辄为石，是为石蟹。取时以长钩出之，故螯足不全。或谓石蟹浮游海中，见风则坚，误也。一说石蟹水沫相著所化，多生海潮出入处，随风漂出，善水者没而取之，于水中洗刷，出水则泥不能脱去。

梦食蟹

徐扬梦食巨蟹甚美，迨旦，同舍六人聚坐。一客语及海物黄甲者，扬问其状，曰："视蝤蛑差小，而比螃蟹为大。"扬窃喜，乃以梦告人，以为必中黄甲之兆。洎榜出，六人皆不利，扬独登科。

---

①《广东新语》：清代屈大均（1630—1696年）撰笔记。

② 崖州：今海南。

驱入蟹山

《夷坚志》：湖州医者沙助教之母嗜食蟹。每岁蟹盛时，日市数十枚，置大瓮中，与儿孙环视，欲食则取付鼎镬。绍兴十七年[①]死，其子设醮于天庆观，家人皆往。有十岁孙独见媪立门外，遍体皆流血。媪语孙曰："我坐食蟹业，才死则驱入蟹山受报，蟹如山积。狱吏使我立上，群蟹争以螯刺我，不得顷刻止，苦痛不可具道。适冥官吏押我至此受供，而里域司又不许入。"孙具告乃父，泣祷于里域神。顷之，媪至设位，诉曰："痛岂复可忍，为我印九天生神章焚之，分给群蟹令持以受生，庶得免罪。"隐不见。其家即日镂生神章板，每夕焚百纸，终丧乃罢。

张氏煮蟹

平江[②]细民张氏，以煮蟹出售自给，所杀不可亿计。绍兴五年[③]七月，买两篰[④]寘[⑤]室中，凡数百枚。夜闻鸭声嘈嘈，父子秉炬寻索，无所视。迨复寝，其声又作。审听之，正在篰内，乃起坐咄之。蟹作人言曰："只是死了住。"夜半后，又觉有人著履游行，以为盗也。走报邻里，欲拘执，

① 绍兴十七年：1147年。
② 平江：今江苏苏州。
③ 绍兴五年：1135年。
④ 篰（bù）：竹篓。
⑤ 寘（zhì）：同"置"。

寂无影响。其女五七娘，惊而病卧于床三日，闻外人唤云：“五七可同去。”应曰：“待我来。”至晚而死。后九日，张妻亦病，见女坐床下，呼之使上。已而张父子及妻相继亡，但存一小女曰阿感，无人养育。所亲周二为取致其家，便见父母来就唤，亦死。张门遂绝。同上。

十二点

《北户录》：儋州[①]出红蟹，大小壳上作十二点，深胭脂色，亦如鲤之三十鳞耳。其壳与虎蟳堪作叠子。

一背红

《墨庄漫录》：毗陵[②]一士人姓常，为蟹诗云：“水清讵免双螯黑，秋老难逃一背红。”盖讥朱勔父子。

仆射横行

《湘山野录》：仆射严续，位高寡学，为时所鄙。江文尉作《蟹赋》以讥之，云：“外视多足，中无寸肠。口裹雌黄，每失途而相煦；胸中戈甲，常聚众以横行。”续深赧之。

---

① 儋州：位于海南。

② 毗陵：今江苏常州。

侍郎归矣

邹浩为蔡京所陷，谪居昭州[①]，以江水不可饮，汲于数里外。后所居岭下忽有泉，浚之清冽，曰“感应泉”。乱石之下得蟹一枚，自放于江，曰：“予至五岭，不睹此物数年矣，乱石之下又非所宜穴处也，何从而出耶？易不云乎？物不可以终难，故受之以解。蟹者，解也。天实告之矣，蒙恩归侍，立可待矣。”未几，泉忽涸，疑之，有人至门厉声呼曰：“侍郎归矣！”求之不可见。次日果拜赦命。杨龟山挽诗有“泉甘不出户，客至岂无神”之句。《涌幢小品》。

山精破簖

《述异记》：宋元嘉[②]初，富阳[③]人姓王，于穷渎中作蟹簖。旦往视，见一材长二尺许，在簖裂开，蟹出都尽。乃修治簖，出材岸上。明往看之，材复在簖中，败如前。王又治簖，再往视，所见如初。王疑此材妖异，乃取材纳蟹笼中，系担头归去，至家当破燃之。未至家三里，闻中窣窣动，转见，向材头变成一物，人面猴身，一手一足，语王曰：“我性嗜蟹，实入水破若[④]蟹簖，相负已多，望君见恕，开笼放我，我是山神，当

---

① 昭州：今广西桂林平乐。

② 元嘉：南朝宋文帝刘义隆的年号（424—453年）。

③ 富阳：今浙江杭州富阳区。

④ 若：你的。

相助佑，使全簖大得蟹。”王曰：“汝犯暴人，前后非一，罪自应死。”此物苦请乞放，又频问君姓名为何，王不答。去家转近，物曰：“既不放我，又不告我姓名，当复何计，但应就死耳。”王至家，炽火焚之，后寂无异。土俗谓之山魈，云：“知人姓名，则能中伤人，所以勤问，止欲害人自免。”冯梦龙曰：“知名之士不被中伤者，几人沮溺？”所以藏名也。按《异苑》：山精如人，一足长三四尺，食山蟹，夜出昼藏。

仙人掷钱

仙蟹，产罗浮阿耨池旁，形如钱大，色深红，明莹如琥珀。大小数十群行，见人勿畏。以泉水养之，可经数月。见他水则死。相传仙人掷钱所变。《广东新语》。

含春侯

《食谱》：藏蟹，含春侯。高宗[①]幸张府，有螃蟹酿枨、螃蟹清羹、洗手蟹、蝤蛑签、糟蟹等物。

十月雄

《姑苏志》云：出太湖者，色黄壳软，曰湖蟹，冬月益肥美，谓之十月雄。出吴江汾湖者，

① 高宗：宋高宗赵构。

曰紫须蟹。出昆山蔚州者，曰蔚迟蟹。又有江蟹、黄蟹、稻秋蟹。

蟛蜞出

《广东新语》：凡春正月二月，南风起，海中无雾，则公蟛蜞出。夏四五月，大禾既莳，则母蟛蜞出。其白者，曰白蟛蜞；生毛者，曰毛蟛蜞，有毒，多食发吐痢。而潮人无日不食，以当园蔬。故谚曰："水潮蚒，食醎解。"醎解者，以毛蟛蜞入醎水中，经两月熬水为液，投以柑橘之皮，其味佳绝。解其渣滓不用，用其精华，故曰解。蚒者，蛤之属。

紫蟹来

《绍兴志》：紫蟹产上河，色紫，其味尤隽。苦楝花时挟子而至。语曰："苦楝开，紫蟹来。"黄甲，形甚大，产海崖，其螯无毛。蟛蚏，小，止可及寸。沙蟹更小，味亦下。

酌苏李

山谷《追怀太白子瞻》诗云：我病二十年，大斗久不覆。因之酌苏李，蟹肥社醅熟。

书桂张

嘉靖帝一日见蟹行地，问何物。内臣以蟹

对，取看背有字，曰桂萼、张璁。惊求其故，转相追究，乃太监崔文所书，因言二人横行也。文谪南京。

与山神斗

《广异记》：近世有波斯，常云："乘舶泛海，往天竺国者已六七度。"其最后，舶漂入大海，不知几千里，至一海岛。岛中见胡人衣草叶，惧而问之。胡云："昔与同行侣数千人漂没，唯己随流得至于此，因尔采木实草根食之，得以不死。向众哀焉，遂舶载之。"胡乃说，岛上大山悉是车渠、玛瑙、玻璃等诸货，不可胜数，舟人莫不弃己贱货取之。既满船，胡令速发，山神若至，必当怀惜。于是随风挂帆行可四十余里，遥见峰上有赤物如蛇形，久之渐大。胡曰："此山神惜宝，来逐我也，为之奈何？"舟人莫不战惧。俄见两山从海中出，高数百丈，胡喜曰："此两山者，大蟹螯也。其蟹常好与山神斗，神多不胜，甚惧之。今其螯出，无忧矣。"大蛇寻至，蟹与盘斗良久，蟹夹蛇头，死于水上，如连山。船人因是得济。

大如碗

《辽志》云：渤海螃蟹红色，大如碗，螯巨而厚，其跪如中国蟹螯。

覆如屋

《职方外记》：海中有蟹，大踰丈许，其螯以箝人首，人首立断；箝人肱，人肱立断。以其壳覆地，如矮屋然，可容人卧。

鹦哥嘴

松江之上海，杭州之海宁，俗皆喜食蟛蜞，螯名曰鹦哥嘴，以有极红者，似之故也。

乌拥剑

《大业拾遗》：吴郡献蜜蟹二千头，作如糖蟹法，蜜拥剑四瓮。《吴都赋》所谓“乌拥剑”是也。

越王铃下

《颜氏家训》：拥剑状如蟹，但一偏大尔，俗谓越王铃下。何逊诗云“跃鱼如拥剑”，是不分鱼蟹也。

照滩

山谷诗：照滩禽郭索，烧野得伊尼。[1]《佛书》：伊尼，鹿名。照滩，谓照火取蟹也。若腌蟹

① 出自《德孺五丈和之字诗韵难而愈工辄复和成可发一》。

以火照之，则蟹膏成沙。《归田录》：淮南人藏盐蟹，凡一器以皂荚半挺置其中，则可藏之，经岁不沙。

易螯

造化权舆[①]，龙易骨，蛇易皮，麋鹿易角，蟹易螯，折其足随即更生。

蟹奴

《桂萱录》：海上有蟹大如钱，腹下又有十蟹，名曰蟹奴。《广志》云：蛹小蟹，大如货钱。

海镜

《岭表录异》：海镜，广人呼为膏叶盘。两片合以成形，壳圆，中甚莹滑，日照如云母光，内有少肉如蚌胎。腹中有红蟹子，其小如黄豆，而螯具足。海镜饥，则蟹出拾食，蟹饱归腹，海镜亦饱。或迫之以火，则蟹子走出，离肠腹立毙。或生剖之，有蟹子活在腹中，逡巡亦毙。

玉蟹

《八笺》云：三月二十八日为东岳生辰，游女

① 造化权舆：意为天地初始。

盘珠朶[1]翠，车马骈阗，所陈奇禽如红鹦、白雀，水族则玉蟹、金龟，珍异毕至，竟日乃罢。

四明蟹

《宁波志》：蝤蛑生海边泥穴中，大者曰蟳，有虎斑文，随潮湮沦者，名虎蟳。小者名黄甲𥰭，俗呼为蟹。长而锐者谓之𥰭。圆脐者牝，尖者牡也。轻霜则有赤膏，俗呼母蟹，亦曰赤蟹；无膏曰白蟹；有子者曰子蟹。蟛蟹俗呼毛蟹，两螯多毛，生湖泊淡水中，怒目横行，故曰蟛蟹，秋后方盛。有溪蟹，小而性寒，捣碎愈漆疮。蟛蜞，螯赤者名拥剑。一种为蟛蜞，性极寒，即蔡谟所误食也。又一种名桀步，《埤雅》曰：以其横行，故谓之桀步。又一种曰沙蟹。

沙河蟹

西湖近不产蟹，惟沙河蟹特大而肥，又云：不如嘉兴之断蟹也。

千人捏

千人捏，似蟹，大如钱，壳甚坚，壮夫极力捏之不死。俗言"千人捏不死"，因以为名，或以谑市倡。

---

① 朶（duǒ）：同"朵"。

三百丸大蟛蚏

《感应经》：蟹属，名彭蚏，以螯取土作丸，从潮来至潮去成三百丸，因名三百丸大彭蚏。

蒯

《博物志》：南海有水虫，名蒯，蛤之类也。其中有小蟹，大如榆荚。蒯开甲食，则蟹亦出食，蒯合甲，蟹亦还入。为蒯取以归，始终死不相离。

川蟹

《抱朴子》曰：伐木而寄生枯，芟[①]草而兔丝萎。川蟹不归而蛣败。蛣将蟹以为命，不可一日无也。

额上取蟹

《辍耕录》：任子昭云："向寓都下时，邻家儿患头疼，不可忍。有回回医官，用刀割开额上，取一小蟹，坚硬如石，尚能活动，顷焉方死。疼亦遄[②]止。当求得蟹，至今藏之。"夏雪蓑云："尝于平江阊门，见过客马腹膨胀倒地。店中偶有老

① 芟（shān）：除去。

② 遄（chuán）：迅速，快速。

回回见之，于左腿割取小块出，不知何物也？其马随即骑而去。”信西域多奇术哉！

鼓甲而前

章礼，稽山[①]人，始为诸生，后弃之走燕，仍得入试。主者甫阅其卷，有巨蟹鼓甲而前，主试者异之。遂寘[②]第一。时众论以章冒籍，首荐攻之急，事闻世庙[③]，问珰者曰：“何谓冒籍？”珰者对曰：“各省士子以顺天藉获隽者名之为冒。”世庙曰：“普天下都是我的秀才，何得言冒耶？”是年试题《舜有臣五人而天下治》，世庙因阅章卷，诘主试者曰：“此卷何以宜冠？”多士对曰：“各卷只言五臣之贤。惟此卷先发大圣如舜，原足治天下，而又得五臣，所以天下益归于治。深得尊君之意，允宜首荐。”世庙大喜，冒禁遂寝。《续耳谭》。

义蟹

《菽园杂记》：松江沈宗正，每深秋设簖于塘，取蟹入馔。一日见二三蟹相附而起，近视之，一蟹八跪皆脱，不能行，二蟹舁[④]以过断。宗正为感叹，遂折簖，终身不复食蟹。

董孔昭曰：“西利生之论友也，曰：‘第二我’。

---

① 稽山：会稽山的简称。

② 寘（zhì）：同“置”。

③ 世庙：明世宗朱厚熜。

④ 舁（yú）：共同抬东西。

夫耳目不能相及，手足不能相代，在我者且然，矧[①]伊人乎？义哉，斯蟹！郭索乎纬萧之间，谋其身不遗其友。"《可如集》[②]。

海气腥

苏斜川《过西兴》诗："蚊虻过耳蛮音恐，虾蟹熏人海气腥。"

秋风擘

斜川《候潮诗》："来逢春雨长鱼苗，去见秋风擘蟹螯。"

辨蟹

桀步，拥剑，一种也。蝤蛑、蟳、蠘，异类也。含芒输海止，稻蟹为然；随潮退壳止，紫蟹为然。稻蟹，食稻之蟹也。《国语》勾吴事，吴越又空于稻蟹是也。紫蟹，一名子蟹，壳似蝤蛑，足亦有拨棹子，但壳上有胭脂斑点，不比蝤蛑之纯青耳。

---

① 矧（shěn）：况且。

②《可如集》：即《可如》，明末董德镛撰寓言故事，六卷。董德镛，字孔昭，鄞县（今浙江宁波）人。

识者少

《符子》：郑玄未辨樝[1]梨，蔡谟不识蟛蟹。《鹤林玉露》：市璞宝燕石，煮箦食蟛蜞，识者少也。

① 樝（zhā）：同“楂”。

卷三 文录

蟹志 陆龟蒙

蟹，水族之微者。其为虫也，有籍见于《礼》经，载于《国语》、扬雄《太玄辞》《晋春秋》《劝学》等篇；考于《易》象为介类，与龟、鳖刚其外者，皆干之属也。周公所谓旁行者欤。参于药录、食疏，蔓延乎小说，其智则未闻也。唯《左氏》祀其为灾，子云[①]讥其躁，以为郭索后蚓而已。蟹始窟穴于沮洳[②]，中秋冬交必大出。江东人云："稻之登也，率执一穗以朝其魁，然后从其所之。"蚤[③]夜觱[④]沸，指江而奔。渔者纬萧承其流而障之，曰蟹断。锻。断短。其江之道焉尔，然后奔粉越轶，遯[⑤]而去者十六七。既入于江，则形质寖大于旧。自江复趋于海，如江之状。渔者又断而求之，其越轶遯去者又加多焉。既入于海，形质益大，海人亦异其称谓矣。呜呼！穗而朝其魁，不近于义邪？舍沮洳之江海，自微而务著，不近于智邪？今之学者，始得百家小说，而不知孟轲、荀[⑥]、杨[⑦]之道。或知之，又不汲汲于圣人之言，

---

① 子云：扬雄（前53—18年），字子云。

② 沮洳（jù rù）：低湿之地。

③ 蚤：同"早"。

④ 觱（bì）：同"泽"，泉水涌出的样子。

⑤ 遯（dùn）：同"遁"。

⑥ 荀：荀子。

⑦ 杨：扬雄。

求大中之要，何也？百家小说，沮洳也；孟轲、荀、杨，圣人之渎也；六籍者，圣人之海也。苟不能舍沮洳而求渎，以至于海，是人之智反出水虫下，能不悲夫！吾是以志其蟹。

蟹序[①] 傅肱

蟹之为物，虽非登俎之贵，然见于经，引于传，著于子史，志于隐逸，歌咏于诗人，杂出于小说，皆有意谓焉。故因益[②]以今之所见闻，次而谱之。自总论而列为上下二篇，又叙其后，聊亦以补博览者所阙[③]也。

总论[④]

蟹，水虫也，其字从虫，盱鬼反。亦曰鱼属，故古文从鱼作鱰。以其外骨，则曰介虫；取其横行，目为螃蟹焉。骨眼蜩腹[⑤]，蛭脑鲎足，其爪类拳丁，其螯类执钺，匡跪又皆外刺。性复多躁，或编诸绳缕，或投诸笭箵，则引声噀沫，必死方已。类皆鱻育，生于济郓者，其色绀紫；出于江浙[⑥]者，其色青白。此举其所育多者尔，凡有水之地，不无此

① 蟹序：此篇为傅肱撰《蟹谱》的前序。

② 益：增加，增多。

③ 阙：同“缺”。

④ 总论：此篇为傅肱撰《蟹谱》的总论。

⑤ 骨眼蜩（tiáo）腹：眼如骨，腹如蝉。蜩，蝉。

⑥ 浙：原为“淛”，通。

味。小者谓之蟛蜞，中者谓之蟹，匡长而锐者谓之䗃，音截。甚大者谓之蝤蛑。虽皆有佳味，独蟹参于药论耳。明越溪涧石穴中亦出小蟹，其色赤而坚，俗呼为石蟹，与生伊洛者无异，厣圆多腴而夺之膂，脐长多瘠而与之虾。其生于盛夏者，无遗穗以自充，俗呼为芦根蟹。谓其止食茭芦根。瘠小而味腥，至八月则蜕形，已蜕而形浸大。秋冬之交，稻粱已足，各腹芒走江，俗呼为乐蟹，最号肥美。由江而纳其芒于海中之魁，遇冰雪则自伏淤淀，不可得矣。今人设啗具以案酒者，此特为之先置焉。江淮间尚推重如此，况非所育之地乎？何曾《食蔬》、弘君《食檄》、虞悰《饮食》，亦未必不珍此味也。虞悰《南史》有传，但名存而书亡，此为恨耳！

曰蟛蜞者，二月三月之盛，出于海涂，吴俗尤所嗜尚，岁或不至，则指目禁烟，谓非佳节也。今之通泰，其类实繁。然有同蟛蜮差大而毛，好耕穴田亩中，谓之蟛蜞，毒不可食，晋蔡道明误食之，几死，尤宜慎辨也！又多生于陂塘沟港秽杂之地，往往因雨，则濒海之家，列阵而上，填砌缘屋，虽驱拂之不去也。噫！蟹虽微类，至于腹芒以朝其魁，其得自然之理欤？嗜欲已足，舍陂港而之江海，其得自然之智欤？虽外刚躁，而内无他肠，其得自然之正欤？岂独以其滋味，餍世人之口腹哉！

解图十二种论

文登吕亢，多识草木虫鱼。守官台州临海，命工作《蟹图》，凡十二种，一曰蝤蛑，乃蟹之巨者，两螯大而有细毛如苔，八足亦皆有微毛。二曰拨棹子，状如蝤蛑，螯足无毛，后两小足薄而微阔，类人之所食者，然亦颇异，其大如升，南人皆呼为蟹，八月间盛出，人采之，与人斗，其螯甚巨，往往能害人。三曰拥剑，状如蟹而色黄，其一螯偏长三寸余，有光。四曰蟛蜎，螯微毛，足无毛，以盐藏而货于市，《尔雅》曰：蟛蜞，小者蟧。云小蟹也。蜞音泽。蟧，音劳。吴人呼为蟛蠘，《搜神记》言，此物当通人梦，自称长卿。今临海人多以长卿呼之。五曰竭朴，大于蟛蜎，壳黑斑有文章，螯正赤，尝以大螯障目，小螯取食。六曰沙狗，似蟛蜎，壤沙为穴，见人则走，屈折易道不可得。七曰望一作招。潮，壳白色，居则背坎外向，潮欲来皆出坎。举螯如望，不失常期。八曰倚望，亦大如蟛蜎，居常东西顾睨，行不四五，又举两螯，以足起望，惟入穴乃止。九曰石蜠，大于常蟹，八足，壳通赤，状若鹅卵。十曰蜂江，如蟹，两螯足极小，坚如石，不可食。十一曰芦虎，似蟛蜞，正赤，不可食。十二曰蟛蜞，大于蜎小于常蟹，吕君云："此皆常所见者，北人罕见，故绘以为图。"又南商言："海中鼅鼊岛之东，一岛多蟹，种类甚异。有虎头者，有翅能飞者，有能捕鱼者，有壳大兼尺者，以非亲见故不画。"李履中得其一本，为作记。予家楚，宦游二浙、闽、广，所识蟹属多矣，亦不悉与前说同。而所谓黄甲、白蟹、蝤、蠘诸种，吕图不载，岂名谓或殊乎？故纪其详，以示博雅者。

格物总论 合璧事类

蟹，八足二螯，大者箱角两出，足节屈曲，行则旁横。今淮海、京东、河北陂泽，多有之。雄曰狼蚁，雌曰博带。取无时，独螯、独目及两目相向者，不可食。然其族类最多，六足者，名蛫；音跪。四足者，名北，皆有大毒。阔壳而多黄者，名蠘，其螯最锐，断物如芟刈焉。扁而最大，后足阔者，为蝤蛑，一名蟳，岭南人谓之拨棹子。以后脚形如棹也，随潮退壳，一退一长，其大者如升，小者如盏楪。两螯无毛，所以异于蟹，其力至强。一螯大一螯小者，名拥剑，又名桀步，常以大螯斗小螯食物，一名执火，以其螯赤故也。其最小者，名蟛螖，吴人语化为蟛蜞。《尔雅》云：螖蠌，小者蟧。郭璞云："即蟛螖也，似蟹而小，蟛蜞亦其类也，食之误人矣。"鲎，大者如扇，牡牝相随，牝无目得牡而行，牡去牝死，以骨及尾，尾长二尺，生南海。

大蟹赞 杨慎

女丑大蟹，其广千里，举螯为山，身故在水，海阳专车，曷云其比。

彭蜎

《尔雅》彭蜎，《玄经》郭索，均为蟹谥。蜎讹以越，梁王醢化。兹乃臆说。

沙狗

蟹有沙狗，亦似彭蜡，穿沙为穴，见人则蛰，曲径易道，了不可得。

拥剑

蟹有拥剑，一螯偏大，随潮退壳，随退复里，力能斗虎，利甚戟剉。

招潮

蟹有招潮，遡月而翘，背向不失，与潮相招，蠢物有知，云谁之教。

倚望

蟹有倚望，常起顾睨，东西其形，两翘八跂，望常如此，入穴乃止。

石蜠 蜂江 芦虎

蟹有石蜠，蜂江、芦虎，石壳铁卵，不中鼎俎。好事取之，充画《图谱》。蜂江，又作虾江。虾，音流。

海镜

海镜壳圆，中甚莹腻，腹有小蟹，朝出暮至，或生剖之，蟹子跂跂，逡巡亦毙。

海镜蟹为腹，水母虾为目，虚有咸受，羡补不足，人固有之，无惑乎物。

醉蟹赞 张九峻

世人皆醉，而我独醒者，灵均[①]也；世人皆醒，我独醉者，伯伦[②]也。不肯以我之察察，而受物之汶汶，弃世者也；甘我之沉沉而任物之皎皎，溷[③]世者也。以汝之醉，苏我之醒，以其昏昏，使人昭昭，再饮再醉，举杯持螯，是谓醉蟹解我宿醪。

子蟹解

蟹何多名也？为彭蜞，为彭蝟，为彭越，为招潮，为郭索，为博带，为傑步，为狼蚁。蟹何多名也？鲈鱼、紫蟹予江南为胜，谓壳上斑点者是，苏长公[④]最嗜蟹，有诗曰："半壳含黄须点酒，两螯宜紫劝加飧。"[⑤]但汝为无肠公子，今何又为多子夫人，夫仁人之于汝子也，何不视之为鸤鸠，又何忍视之为螟蛉也。言下有一转语，曰："应作不吃法。"

---

① 灵均：屈原之字。

② 伯伦：刘伶（221？—300？年）之字。

③ 溷（hùn）：混乱。

④ 苏长公：苏轼。

⑤ 出自《丁公默送蝤蛑》，一作"半壳含黄宜点酒，两螯斫雪劝加餐"。

爽国公制 毛胜

今多黄尉，权行尺一令南宠，截然居海，天付巨材，宜授黄城监、远珍侯，复以尔专盘处士甲藏用，素称蠘副，众许蟹师，宜授爽国公、圆珍巨美功臣。复以尔甘黄州甲杖大使，咸宜作解蕴中，足材腴妙，螯德充盈，宜授糟丘常侍兼美，复以尔解微子形质肖祖，风味专门，咀嚼谩陈，当寘[1]下列，宜授尔郎黄少相。一、南宠，乃截；二、甲藏用，乃蝤蛑；三、解蕴中，乃蟹；四、解微子，乃彭越。

杂说 苏东坡

惠州市井寥落，然犹日杀一羊。不敢与仕者争买，时嘱屠者买其脊骨耳。骨间亦有微肉，熟煮热漉出，渍酒中，点薄盐，炙微焦，食之。终日抉剔，得铢两于肯綮[2]之间，意甚喜之。如食蟹螯，率数日辄一食，甚觉有补。子由三年食堂庖，所食刍豢，没齿而不得骨，岂复知此味乎？戏书此纸遗之，虽戏语，实可施用也。然此说行，则众狗不悦矣。

闽越人高荔子而下龙眼，吾为评之，荔子如食蝤蛑、大蟹、斫雪、陆放翁诗：“斫雪双螯洗手供”，又“斫雪蟹双螯”，本此。流膏，一啖可饱。龙眼如食彭越、石蟹，嚼啮久之，了无所得。然酒阑口爽，餍饱[3]

① 寘：同“置”。

② 肯綮（kěn qì）：筋骨结合处。肎：同“肯”，綮：同“棨”。

③ 餍饱：吃饱。

之余，则咂嗽之味，石蟹有时胜蝤蛑也。戏书此纸，为饮流一笑。

吾久戒杀，到惠州忽破戒，数食蛤蟹。自今日忏悔，复修前戒。

蟹说 晴川

蟹自十八以后，月黑乘暗出，而取食则肥。至月明时，不敢出则瘠。夫舍皎月之光，投昏黑之夜，以自肥其躯，其窃食与？然渔人捕蟹，率执火以前，蟹见火，咸附光至，至就系焉。《符子》曰："不安其昧，而乐其明，是犹文蛾去暗，越灯而死。"遁之上九肥，遁无不利。言君子幽居遁世，不繫[①]即肥也。天下贤愚，贸贸然不能离俗以保名，但知趋仕而光荣，一旦就系渔人，不如昔日江湖之乐。余观是蟹也，入深泉以好遁兮，固将重昏而终身。

老饕赋 东坡

庖丁鼓刀，易牙烹熬。水欲新而釜欲洁，火恶陈而薪恶劳。九蒸暴而日燥，百上下而汤鏖[②]。尝项上之一脔，嚼霜前之两螯。放翁诗："今朝有奇事，江浦得霜螯。"烂樱珠之煎蜜[③]，滃[④]杏酪之蒸羔。蛤半熟

① 繫：同"系"。
② 鏖（áo）：熬煮。
③ 蜜：原作"密"，据《老饕赋》改。
④ 滃（wēng）：浓染。

而含酒，蟹微生而带糟。盖聚物之夭[1]美，以养吾之老饕。婉彼姬姜，颜如李桃。弹湘妃之玉瑟，鼓帝子之云璈，命仙山之萼绿华，舞古曲之郁轮袍。引南海之玻璃，酌凉州之蒲萄。愿先生之万寿，分余沥于两髦。侯红潮于玉颊，惊暖一作敛响于檀槽。忽累珠之妙唱，抽独茧之长缲。闵手倦而少休，疑吻燥而当膏。倒一缸之雪乳，列百拖之琼艘。各眼滟于秋水，咸骨醉于春醪。美人告去矣而云散，先生方兀然而禅逃。响松风于蟹眼，浮雪花于兔毫。先生一笑而起，渺海阔而天高。

糟蟹赋 杨廷秀[2]

江西赵子直饷糟蟹，风味绝胜，作此以谢之。

杨子畴昔之夜，梦有异物入我茅屋，其背规[3]而黑，其脐小而白。以为龟又无尾，以为蚌又有足。八趾而双形，端立而旁行。垂杂下以成珠，臂双怒而成兵。寤而惊焉，曰："是何祥也？"召巫咸卦之，遇坤之解，曰："黄中通理，彼其韫者欤？雷雨作解，彼其名者欤？羡海若之黔首，凭夷之黄丁者欤？今日之获，不羽不鳞，奏刀而玉明，披腹而金生。使营糟丘，义不独醒。是能纳夫子于醉乡，能脱夫子于愁城。夫子能亲释其堂阜之缚，俎豆终仪狄之朋乎？"言未既，有自豫

① 夭：原作"大"，据《老饕赋》改。
② 杨廷秀：即杨万里，字廷秀。
③ 规：即"规"。

章[1]来者，部署其徒，趍跄而至矣。竭入视之，郭其姓、索其字也。杨子迎劳之曰："汝二浙之裔耶？九江之系耶？松江震泽之珍异，海门西湖之风味，汝故无恙耶？小之为彭越之族，大之为子牟之类，尚与汝相忘于江湖之上耶？"于是延以上客，酌以大白。曰："微吾天止之故人，谁遣汝慰吾之岑寂？"客复酌我，我复酌客，忽乎天高地下之不知，又焉知二豪之在侧。

后蟹赋

昔子直漕江西，饷予糟蟹，予为赋之。江西蔡师定夫复饷生蟹，风味十倍曹丕，再为之赋。

司徒道明来自洛师，至止江湄，逢一湖海之仙，貌肖乎晋时之解杨，而其怒有赫；骨像乎汉之彭越，而其图中覫。独爱其二执戈者，前矣视其趾，二四而有踦，意以为吴中介士郭先生也，不知其姓则彭，其字则蜞也。亟携其手而上曰："吾自渡江以来，取友不少矣。如孔之金，如王之琼，吾皆得而友朋；如魏之玉，如庾之谷，吾皆得而款曲。夫子安在？何相见之暮而不夙也。"于是齿牙嗜焉，胸怀寄焉，与之一饮一食而同醉焉。夜半客起，若有所刺者，司徒腹心岑岑，若有所祟诸。诘朝下逐客之令，屏之阳候之遐裔焉。他日以天子之命，作物于豫章，幕府初开，延见俊良。望见一客，又似乎彭越与解扬，命典

① 豫章：今江西南昌。

谒者曰："是尝祟我而几我伤者矣，予不汝杀。世无黄祖，其生致之。"于溯江而上之杨乎。杨子方晚饮，闻其至，揖而进之曰："吾有二友，惟彼醴生，与尔索郭。老夫与之同死生，不减颜氏子之乐。彼也日从予游。尔也久予云邈，何相忘江湖，莫我肯顾也？何使清风明月，必思元度也？尔之德，吾能言之，洗手奉职，德之上也，就汤割烹，德之次也。餔灵均之糟，卧吏部之瓮，德斯为下矣。"客于是涕唾流沫，环视而蠁谢曰："士固有以赝乱真，以远间亲，圣而受围，肖乎形也；孝而投杼，同乎名也。仆之主公，昔以彭为郭，今以郭为彭，不遇蔡司徒，幸遇杨子云。愿借先生仓颉之篇，与《太玄》后蚓之文，详注《尔雅》彭郭之异族，庶解嘲于司徒之门。"

蟹赋 尤侗[①]

水晶之宫，介蟹之虫，三百六十，长者龟龙。乃生庶族，纷纭彳亍[②]。何物螃蟹，二螯八足，先虚后实，坎月之象，外刚内柔，离火之状。潮来汐往，往屈来伸，盖取诸解，解甲之征。若夫新谷既升，芒负在体，朝于王所，有似乎礼；越陌度阡，获穉[③]敛穧，迁归江河，有似乎智；进锐退速，屈曲逡巡，中无他肠，有似乎仁；

---

① 尤侗（1618—1704年）：清初著名诗人、戏曲家。

② 彳亍（chì chù）：慢步行走，徘徊。

③ 穉（zhì）：通"稚"。

执冰而踞，拥剑而动，气矜之隆，有似乎勇。蟹之时用大矣哉，然吾未暇为公子作颂也！尔乃秋风白露，野有稻粱；渔舟晚出，纬萧斯张。有物郭索，聚族踉跄，狼蚁前驱，博带后行，术非游说，迹类连横，身披介胄，口含雌黄，精神满腹，脂膏盈匡，乱流而济，触籓而僵，一朝获十，献我公堂。老饕见之，惊喜欲狂，亟命厨娘，熟而先尝，饮或乞醯，食不彻姜。拍以毕卓之酒，和以何胤之糖，美似玉珧之柱，鲜如牡蛎之房，脆比西施之乳，肥胜右军[①]之肪。子公睹而指动，何曾啗而箸忙。沈昭略之蛤蜊[②]，且置张季鹰之鲈脍，若忘对茱萸之弄色，把橘柚之浮香，饱金虀与玉鬲，醉百斛兮千觞。别有纤种，名为彭越[③]，岂其梁王[④]，烹醢不绝[⑤]；一字长卿[⑥]，见梦王吉兆，为文章横行无敌。文君爱护，低眉不食，视拨棹与蝤蛑，同附庸之小国，何司徒之卤莽，

---

① 右军：原指王羲之，这里指代鹅。

② 沈昭略之蛤蜊：《南史·王融传》："昭略云：'不知许事，且食蛤蜊。'"后用"且食蛤蜊"指姑置不问。沈昭略（？—500？年），南朝齐人。

③ 彭越：蟹名，亦名螃蜞。此处为双关，暗指彭越（？—前196年），西汉开国功臣、诸侯王。

④ 梁王：汉高祖五年（前202年）春，刘邦履行垓下之战战前约定，册封彭越为梁王。

⑤ 烹醢不绝：双关语，暗指彭越被灭三族，还被剁成肉酱，分给其他人吃。《史记·黥布列传》："汉诛梁王彭越，醢之，盛其醢遍赐诸侯。"

⑥ 长卿：螃蜞的异名。西晋崔豹撰《古今注·鱼虫》："螃蜞，小蟹也。生长海边涂中，食土，一名长卿。"

读《尔雅》而不识。昔人有言，疾病发犹有时，螃蟹过却便没。背秋涉冬，索之不得，乃制《宪章》，盐酸苾郁，调以椒兰，渍以米汁，请公入瓮，一醉千日，岁云暮矣！妇子入室，有客至止，杯盘狼藉，请尝试之。风味犹昔，信乎！一蟹不如一蟹，虽有扬雄、邓艾当此，不能禁其口吃也[①]！

日蟹传 晴川

昔黄帝之王天下也，有蚩尤兄弟八十一人，并兽身人语，铜头铁额，不食五谷，啗沙吞石，造立兵，伏刀戟，威振天下。黄帝以仁义不能禁止。时帝元妃螺祖方产日蟹，死于道，帝祭之，以为祖神；令次妃嫫母育日蟹于昆仑宫，赤水北。日蟹生不乳食，嫫母饲以玉山之禾，比[②]长、骨[③]眼、蜩腹、蚷脑、蛩足，二手八臂，利钳而尖爪，背负十二星文，为人性躁外刚，绝有力，喜战斗。八月游东海，上遇巨虎焉，手与之搏，虎不胜，遂磔杀之。嫫母喜曰："帝以仁义为天子，不能伏蚩尤，令子以武见国，有豸乎？"帝乃仰天而叹。天遣玄女，下授日蟹兵信神符。又于东海流波山得奇兽，状如牛，苍身无角，一足，

① 不能禁其口吃也：双关语，表面意思是蟹的美味不能让杨雄、邓艾也品尝；隐含的意思是，扬雄、邓艾是历史上有名的有口吃（结巴）的人物，戏谑之语。

② 比：即肶，髀，大腿骨。

③ 骨：即鹘，鹘鸼（gǔ zhōu），古书上说的一种候鸟。

能出入水，吐水则生风雨，目光如日月，其音如雷，名曰夔牛。帝令日蟹杀牛，以皮冒[1]鼓，撅以雷兽之骨，声闻五百里，遂斩蚩尤，其血化为卤，今之解池[2]也。后黄帝僊[3]去，群臣、后宫从龙髯上者七千余人，日蟹遂归于巨蟹宫云。今道家称轩辕星，其神昼为蟹是也。日蟹之子曰飞蟹，能上天下地，出入水府，常举一螯，加于昆仑山，身故在北海中。飞蟹之子曰大蟹，为姑[4]射王，身广千里，死葬女丑之野，是为留骨之邦。周成王时，海阳人窥其骨来献，其跪专车焉。尔后世次不传。春秋时，有拥剑氏仕吴，生而武猛，左臂短，能执大钺，右臂长丈余，善击剑，吴人称为横行介士。黄池之会，吴王服兵擐[5]甲，建旗提鼓，十行一嬖大夫，十旌一将军，惟拥剑氏赤常、赤旗、丹甲、朱羽，望之如火，三军皆哗，扣以振旅，声动天地。晋师大骇不敢出，而天祸吴国，大荒荐饥，市无赤米，蟹氏宗族移就蒲蠃[6]于东海之滨，皆饿死，无遗种。吴亡，拥剑氏死，其子桀步归于越王铃下。至汉时，则有郭氏郭索，彭氏彭越。越王梁都定陶，汉祖忌功诛之，盛其醢以偏赐诸侯。越子螃蜞能文章，惧

① 冐（mào）：同“冒”。

② 解池（hài chí）：我国最著名的池盐产地，在山西运城。

③ 僊：仙。

④ 姑（shàn）：擅长，善于。妞：《山海经》传说中的神明。《山海经》卷十四《大荒东经》：海内有两人，名曰女丑。女丑有大蟹。

⑤ 擐（huàn）：穿之意。

⑥ 蒲蠃（luǒ）：蚌蛤之属。

诛，逃成都，自称长卿，别族为司马氏。

太史公曰[①]：“世称螺祖，感日之精而孕蟹生。遂指日为姓，蟹则其名也。”黄帝用蟹以定天下，蟹之子孙一用于吴，而吴亡不旋踵。呜呼！彼以武兴，此以武亡，佳兵固不详与无仁义，以为之先声也。蟛蜞以剑立，南面称孤，卒见疑强大，身就菹醢，蟹氏之灭亡也。悲夫！

① 太史公曰：这里是仿《史记》例，假冒太史公（司马迁）杜撰的一段文字。

---卷四 诗录---

《易林》[①]

渡河踰水，狐濡其尾。不为祸忧，捕鱼遇蟹，利得无几。

《咏螃蟹》 朱贞白[②]

蛇眼龟形脚似蛛，未曾正面向人趋。如今饤在盘筵上，得似江湖乱走无。

《病中有人惠海蟹转寄鲁望》 皮日休[③]

绀甲青筐染菭[④]衣，岛夷初寄北人时。离居定有石帆觉，失伴唯应海月知。族类分明连琐玮，形容好个似蟛蜞。病中无用双螯处，寄与夫君左手持。

《酬袭美见寄海蟹》 陆龟蒙[⑤]

药杯应阻蟹螯香，却乞江边采捕郎。自是扬雄知郭索，且非何胤敢伥惶。骨清犹似含春蔼，

---

①《易林》：西汉焦赣（gòng）撰易学著作。

② 朱贞白：宋代诗人。

③ 皮日休（约838—约883年）：唐代诗人，今湖北天门人。

④ 菭（tái）：同“苔”。

⑤ 陆龟蒙（？—881年）：唐代诗人，今江苏苏州人。

沫白还疑带海霜。强作南朝风雅客，夜来偷醉早梅傍。

《贻张旭》 李颀[1]

张公性嗜酒，豁达无所营。皓首穷草隶，时称太湖精。露顶据胡床，长叫三五声。兴来洒素壁，挥笔如流星。下舍风萧条，寒草满户庭。问家何所有，生事如浮萍。左手持蟹螯，右手执丹经。瞪目视霄汉，不知醉与醒。诸宾且方坐，旭日临东城。荷叶裹江鱼，白瓯贮香粳。微禄心不泄，放神于八弦。时人不识者，即是安期生。

《送鄞宰王殿丞》 梅尧臣[2]

君行问埼鲒，殊物可讲解。一寸明月腹，中有小碧蟹。生意各蠕蠕，黔角容夬夬。愿言宽赋刑，越俗久疲惫。

《钓蟹》

老蟹饱经霜，紫螯青石壳。肥大窟深渊，曷虞遭食沫。香饵与长丝，下沉宁自觉。未免利者求，潜潭不为邈。

---

① 李颀（690？—751？年）：唐代诗人，今河北赵县人。

② 梅尧臣（1002—1060年）：北宋诗人，今安徽省宣城市宣州区人。

《二月七日吴正仲遗活蟹》

年年收稻卖江蟹，二月得从何处来。满腹红膏肥似髓，贮盘青壳大于杯。定知有口能嘘沫，休信无心便畏雷。幸与陆机还往熟，每分吴味不嫌猜。

《依韵和原甫听壁钱谏议画蟹》

谏议吴王孙，特画水物具。至今图写名，不减南朝顾。浓淡一以墨，謷壳自有度。意将轻蔡谟，殆被蟛蜞误。

《谢何十三送蟹》 黄鲁直[①]

形模虽入妇女笑，风味可解壮士颜。寒蒲束缚十六辈，已觉酒思生江山。

《次韵师厚食蟹》

海馔糖蟹肥，江醪白蚁醇。每恨腹未厌，夸谈口生津。三岁在河外，霜脐常食新。朝泥看郭索，暮鼎调酸辛。趋跄虽入笑，风味极可人。忆观淮南夜，火攻不及晨。横行葭苇中，不自贵其身。谁怜一网尽，大去河北民。鼎司费万钱，玉食罗常珍。吾评扬州贡，此物真绝伦。

① 黄鲁直：即黄庭坚（1045—1105年），字鲁直。

《又借答送蟹韵》

草泥本自行郭索，玉人为开桃李颜。恐似曹瞒说鸡肋，不比东阿举肉山。曹植封东阿王，《与吴季重书》：愿“举太山以为肉，倾东海以为酒。”

《代二螯鲜嘲》

仙儒昔日卷龟壳，蛤蜊自可洗愁颜。不比二螯风味好，那堪把酒对西山①。

《又借前韵见志》

招潮瘦恶无永味，海镜纤毫只强颜。想见霜脐当大嚼，梦回雪压摩②围山。末句谓黔南雪中睡起时，尝作双螯之想，如昔人思莼鲈也。

《秋冬之间鄂渚绝市无蟹，今日偶得数枚，吐沫相濡，乃可悯笑，戏成小诗》

怒目横行与虎争，寒沙奔火祸胎成。虽为天上三辰次，未免人间五鼎烹。

又

勃窣媻跚蒸涉波，草泥出没尚横戈。也知觳

① 西山：原作“南山”，据《黄庭坚全集》改。
② 压摩：此二字原本空缺。

鲀元无罪，奈此尊前风味何。

又

解缚华堂一座倾，忍堪支解见姜橙。东归却为鲈鱼鲙，未敢知言许季鹰[①]。

《次吴正仲谢寄蟹》王安石

越客上荆舠，秋风忆把螯。故烦分巨跪，持用佐清漕。饮量宽沧海，诗锋捷孟劳。甘餐饱肠咏，余事付钩陶。

《九月八日渡淮》李纲

蟹螯菊蕊风味道，且须为尽黄金舟。世间种种如梦电，此物能消万古愁。

《仲秋书事》陆游

秋风社散日平西，余胙残壶手自提。赐食敢思烹细项，家庖仍禁擘团脐。畓为仪曹郎兼领膳部，每蒙赐食与王公略等，食品中有羊细项，甚珍。予近以恶杀，不食蟹。

《秋日村舍》

川云惨惨欲成雨，宿麦苍苍初覆土。芋肥一本可专车，蟹壮两螯能敌虎。

---

① 季鹰：即张翰，西晋文学家，今江苏苏州人。

《糟蟹》

旧交髯簿久相忘，公子相从独味长。醉死糟丘终不悔，看来端的是无肠。

《以莼姜法鱼糟蟹寄苏子瞻》秦观

鲜鲫经年渍醽醁，团脐紫蟹脂填腹。后春莼茁滑于酥，先社姜芽胜肥肉。凫卵累累何足道，饤饾盘餐亦时欲。淮南风俗事瓶罂，方法相传为旨蓄。鱼鲭蜃醢荐笾豆，山簌溪毛列蒙录。辄送行庖当击鲜，泽居备礼无麋鹿。

《糟蟹》杨廷秀

横行湖海浪生花，糟泊招邀到酒家。酥片满螯凝作玉，金穰[1]镕腹未成沙。

《以糟蟹、洞庭甘[2]送丁端叔，端叔有诗，因和其韵》

斗州只解寄鹅毛，鼎肉何曾馈百牢。驱使木奴供露颗，催科郭索献霜螯。乡封万户只名醉，天作一丘都是糟。却被新诗太清绝，唤将雪虐更风饕。

① 穰（ráng）：稻麦的秆。

② 洞庭甘：即洞庭柑，唐玄宗年间有名。

《次韵杨宰食蟹》 陈造[1]

长翁服食僧样清，灌圆得闲收落英。壮岁颇营口腹事，罔有罝罟梁有罾。大戴每快屠门嚼，美酒惯陪豪士倾。酒边最爱无长叟[2]，坐隅未揖先风生。挥斥肴品进此叟，似去伧荒游上京。王谢家儿负贩子，气味不待口舌争。年年属餍不汝厌，勇向上党人夸矜。一从多病戒奇嗜，屏绝鳞介踈姜枨[3]。水中之怒宁何系，丈室高卧几净名。二年闲杀把螯手，久要药裹熏炉并。旱后篮筐荐蜞越，君乃下筯[4]收所憎。铭盘久断旧嗜好，垂涎忽诵新歌行。射阳浦口霜耿耿，繁梁埭头雾冥冥。及今团尖日供百，莫孤君家竹叶清。射阳最出蟹，自繁梁入城，故云。予尝传无长叟，无长无物也。今秋此物艰得而小。

《祷雨蟹泉》 刘屏山[5]

髣髴小双螯，控御蛟龙随。名居列曜尊，箕毕可指㧑。顾非郭索伦，尝辱左手持。

---

① 陈造（1133—1203年）：南宋诗人，今江苏金湖闵桥镇人。

② 无长叟：蟹的别称。

③ 枨（chéng）：同“橙”。

④ 筯：同“箸”，今筷子。

⑤ 刘屏山（1101—1147年）：即宋代诗人刘子翚，其号屏山。

《饮中》 戴复古[1]

布衣不换锦宫袍，刺骨清寒气自豪。腹有别肠能贮酒，天生左手惯持螯。蝇随骥尾宜千里，鹤在鸡群亦九皋。贤似屈平[2]因独醒，不禁憔悴赋《离骚》。

《舟行即事》 张耒[3]

去去路日远，行行岁向深。晚田荒更阔，秋野晓多阴。岸蓼飞寒蝶，汀沙战水禽。迎风芦颤叶，眩日枣装林。早蟹肥堪荐，村醪浊可斟。不劳频怅望，处处有鸣砧。

《有蟹无酒》 方岳[4]

左手持螯欠酒杯，枉烹郭索亦冤哉。老饕借尔为诗地，多病凭谁作睡媒。归钓兴随春浩荡，独醒人与月徘徊。渊明未必穷于我，薄有公田办秫材。

---

① 戴复古（1167—1248？年）：南宋诗人，今浙江台州人。

② 屈平：即屈原，屈原字“平”。

③ 张耒（lěi）（1054—1114年）：北宋诗人，字文潜，号柯山，今安徽亳州市人。

④ 方岳（1199—1262年）：南宋诗人、词人，字巨山，号秋崖，今安徽祁门人。

《谢人致蟹》

樵岚无蟹有监州，已负诗肠过一秋。真怪渊明便归去，得渠自合老菟裘。

又

此去江头只两程，寒蒲解缚便横行。无肠政要空虚腹，满贮芦花与月明。

《黄倅饷鲎一，徐尉饷蝤蛑十，同时至》

谁饷鳌如径尺盘，更分鲎似惠文冠。曲生醉嚼玉五㱿[①]，剑客生劙珠一箪。我与尔元同蠢动，冤哉烹亦到蹒跚。不知南食诗何似，待问昌黎老子看。

《子集弟寄江蟹》 张九成

吾乡十月间，海错贱如土。尤思盐白蟹，满壳红初吐。荐酒欻[②]空尊，侑饭馋如虎。别来九年矣，食物那可睹。蛮烟瘴雨中，滋味更荼苦。池鱼腥傲骨，江鱼骨无数。每食辄呕哕，无辞知罪罟。新年庚运通，此物登盘俎。先以供祖先，次以燕宾侣。其余及妻子，咀嚼话江浦。骨滓不敢掷，念带烟江雨。手足义可量，封寄无辞屡。东坡黄州答秦太虚云：猪肉、獐、鹿如土，鱼蟹不论钱。

---

① 㱿（kǔ）：未烧的砖。

② 欻（xū）：迅速。

《红蟹》 丘丹

江南季冬天，红蟹大如鳊。湖水龙为镜，炉峰气作烟。

《中秋碧云师送蟹》 张宪

天风吹绽黄金粟，檐前老兔飞寒玉。客窗不记是中秋，但觉邻家酒浆熟。泖田秋霁稻未镰，苇箔竹断收团尖。红膏溢齿嫩乳滑，肥美簇簇橙丝甜。无肠公子夸镢铄，两戟前驱终受缚。餍心昼暖白玉脐，夔牟夜泣红铜壳。曲生风度亦可怜，且对霜娥供大嚼。酒后高歌绕白云，九峰一夜霜华落。

《闻寺簿燕客以醉蟹送，并有诗见及次韵》 罗愿

冠盖追随寂寞滨，绝甘宽我未闲身。古来把酒持螯者，便作风流一世人。

《送蟹与兄》 元遗山[①]

横行公子本无肠，惯耐江湖十月霜。若见雁行烦寄语，酒边遣汝伴橙香。

---

① 元遗山：金代诗人元好问（1190—1257年），号遗山，世称遗山先生。

《食蟹》 刘吉

稻熟水波老，双螯已上罾。味尤堪荐酒，香美最宜橙。壳薄胭脂染，膏腴琥珀凝。情知烹鼎镬，何似莫横行。

《咏蟹》 沈明德

郭索横行逸气豪，秋来兴味满江皋。玉缸十斛酴醾酒，不待先生赋老饕。

《古镇道中》 王元节

秀拔诸峰镇海墩，海天水气两昏昏。鸥飞翠竹白沙地，人宿黄鱼紫蟹村。

《次兰皋擘蟹》 杨公远

江湖郭索草泥行，不料遭人入鼎烹。勇恃甲戈身莫卫，富藏金玉味还清。持螯细咀仍三咏，把酒高唫快一生。鲈脍侯鲭应退舍，算渠只合伴香橙。

《题小景》 杜本

秋云满地夕阳微，黄叶萧萧雁正飞。最是江南好天气，郫醪初熟蟹螯肥。

《蟹》 杨维桢

飒飒西风秋渐老，郭索肥时香晚稻。两螯盛贮白璚瑶，半壳微含红玛瑙。忆昔当年苏子瞻，较脐咄咄论团尖。我今大嚼不知数，况有醇醪如蜜甜。《四友斋丛说》：杨铁崖[①]将访倪云林，值天晚泊舟于滕氏之门。滕乃宋学士元发之后，富而礼贤，知为铁崖，延请至家。铁崖曰："有紫蟹醇醪则可。"主人曰："有。"铁崖入门，主人设盛馔。出二妓侑觞，且命妓索诗，铁崖援笔立成。

《题蟹二首》 刘基[②]

一

壳斗犀函手斗兵，沙堤潮落可横行。稻根香软芦根美，未觉江山酒兴生。

二

拥剑横行气象豪，浑疑缣素是波涛。能令吻角流馋沫，莫向窗前吒老饕。

《赋得蟹送人之官》 高启

吐沫乱珠流，无肠岂识愁。香宜橙实晚，肥过稻花秋。出簖来深浦，随灯聚远洲。郡斋初退食，可怕有监州。

---

① 杨铁崖：即元末诗人杨维桢（1296—1370年），号铁崖。

② 刘基（1311—1375年）：字伯温，朱元璋谋士，文学家。

《谢钱孔周送蟹》文徵明

穷阴欲雪天浰浰，塞向僵眠对书几。故人知我有高怀，缄书为致佳公子。淞江水涸稻畔空，扫帘竭泽那求此。吾生于此颇关情，况对一尊清更旨。老妻怪笑异常情，我是适情君弗止。轮囷荦确类高人，对此若醒真俗矣。霜螯历落久垂涎，紫瀡淋漓先染指。诛求既已极脂膏，搜剔还应穷爪跪。莫言支解本无罪，正坐尊前风味美。淮阴慷慨以功烹，传奕风流缘酒死。一笑题诗谢主人，坐上江山已千里。

《陈以可饷蟹，书至而蟹不达，戏谢此诗》

远劳郭索到茆堂，只把空针字亦香。湖上人家新起簖，霜高时节正输芒。劝餐惭愧双螯雪，封酒垂涎塞壳黄。应是吾浓近来俗，故教风味属邻墙。

《明日见家兄，乃知误送其家，且笑云：若非误送，安得此诗。因用此意再赋长句》

元龙缄蟹饷诗人，蟹竟不来情则厚。却怜公子本无肠，也解先生赋乌有。一笑题诗报主人，此物还当落谁口。吾家长公真善谑，径取霜螯点新酒。自云此物有佳处，但吃何须问谁某。岂知隔屋有馋夫，竟负持螯夜来手。明朝相见各大笑，口腹有缘真不偶。安知造物非有意，故向吾侬发诗丑。寄谢元龙好自慰，误送误留无足咎。若教送到只寻常，还有新篇赠君否。

《题蟹》 徐渭

虽云似蟹不甚似，若云非蟹却亦非。无意教君费装裹，君自装裹又付题。世间美好人夺目，略涉小丑推向谁。此轴难云都不丑，知者赏之不容口。涂时有神蹲在手，黑色腾烟逸从酒。无肠公子浑欲走，沙外渔翁拗杨柳。

《蟹》

一

红绿楪文窑，姜橙捣末高。双螯交雪挺，百品失风骚。喂喜朝争谷，飔闻夜泣糟。大苏无缺事，只怪佞江瑶。苏传江瑶柱乃不传蟹。

二

水族良多美，惟侬美独优。若教无此物，宁使有监州。辟鬼秦关夜，榆魁海稻秋。河豚直一死，只好作苍头。

三

吴兴馋吻守，越国朵颐人。风韵谁偏少，吹嘘尔绝伦。沅江九肋鳖，松泖四腮鳞。遍试张华醋，还谁五色文。

四

尔故饱菱芡，饥来窃稻粱。逃萧孟当走，结草杜回亢。蜕许山蝉嫩，腥怜海麝香。那能亲箬笠，夜夜伴鱼郎。

五

织筱挈千篮，枯筐养八蚕。缚严愁广武，雾重死淮南。金紫膏相蚀，尖团酒各酣。秦人不曾识，付与两齐参。

《钱王孙饷蟹不减陈君肥杰酒而剥之特旨》

鲰生用字换霜螯，待诏将书易雪糕。文待诏却唐王黄金数笏，而小人持一篭糕索字，内之。并是老饕营口腹，省教半李夺蛴螬。百年生死鸬鹚杓，一壳玄黄玳瑁膏。不有相如能饷此，止持斋脯下村醪。

《某子旧以大蟹十个来索画，久之答墨蟹一脐，〈松根醉眠道士〉一幅》

十脐缚芦大如箕，送与酒人可百卮。答一墨脐苦无诗，欲拈俗语恐伤时。西施秋水盼南威，樊哙十万均奴师，陆羽茶锹三五枝。篇末三句是隐语，“看汝横行到几时”也。

《鱼蟹》

夜窗宾主话，秋浦蟹鱼肥。配饮无钱买，思将画换归。

《鱼虾螺蟹》

鱼虾螺蟹藻苹鲜，一榼新醪一柳穿。不是老饕贪嚼甚，臂枯难举笔如椽。

《题画蟹》

谁将画蟹托题诗，正是秋深稻熟时。饱却黄云归穴去，付君甲胄欲何为。

《杂品》

鱼蟹瓜蔬笋豆香，溪藤一斗小方方。校量总是寒风味，除却江南无此乡。

又《蟹二首》

一

北产更恢肥，如盘尺五围。鸿门撞有盾，蛇穴闭无扉。蟹借穴于蛇鳝。馔来蹲紫玉，彻去耳青衣。个物休轻食，桃花结子时。妇娠忌食也。

二

高阳诗酒辈，购尔赏悬城。蜀多山，远江者绝无水产。月黑奔江海，霜肥避鼎铛。涤寒犊鼻短，墟热凤琴鸣。想见临邛妇，蹲鸱醉长卿[①]。

---

① 指司马相如和卓文君的故事。

《陈伯子守经致巨蟹三十，继以浆鲈》

喜有贤人敬长心，老饕长得饫烹饪。陈遵瓮减封泥液，董卓脐高塞坞金。灯火每占花黯黯，人琴俱涩雨沉沉。细鳞紫甲宜觞物，酒乏诗穷更漏深。二儿北游久滞，每占灯花，又连旬淫雨。

《题画蟹》

稻熟江村蟹正肥，双螯如戟挺青泥。若教纸上翻身看，应见团团董卓脐。

《忆蟹》 袁宏道

鄂州为客处，紫蟹最堪怜。朱邸争先买，青楼不计钱。昔年桐乳下，今日菊花前。只尺晴川水，无由见尔鲜。

《戏赠长卿》 田艺蘅

名既侔犹彭越，字复相如长卿。黄中文章膏馥，介然甲胄戈兵。茂陵垆头风味，梁楚江上威声。伴余橙酒潦倒，免尔草泥横行。

《为瞿驾部赋》 焦竑[1]

丹枫几树隐渔矶，节近重阳蟹半肥。一卧斜川知岁久，陶潜曾是黑头归。

《茅檐小咏》 魏大中[2]

家居黄叶市，谱出好庭除。袷冷怜霜月，厨清断蟹鱼。图书天技痒，影谜我顽踈。仿佛箪瓢意，殊惭未读书。

《捕蟹辞》 屈大均[3]

捕蟹三沙与四沙，秋来乐事在渔家。随潮上下茭糖海，艇子归时月欲斜。

又

紫蟹迎潮复送潮，纷纷衔穗上兰桡。蟹黄映月秋逾美，乱掷金钱向市桥。

又

匡蟹初蜕及秋肥，母蟹膏多肉蟹稀。饱食沙田霜降稻，潮干拾得满船归。

---

① 焦竑（1540—1620年）：字弱侯，号漪园、澹园，生于江宁（今南京）。为明代著名学者，著作甚丰。

② 魏大中（1575—1625年）：字孔时，号廓园，浙江省嘉兴市嘉善县人，明代官员。

③ 屈大均（1630—1696年）：字骚余，号非池，明末清初著名学者、诗人。

又

虎门潮水接牂牁，春淡秋咸蟹总多。水肉金膏随月满，精华更奈稻花何。

《食白蟛蜞》

正月蟛蜞出，雌雄总有膏。绝甘全在壳，虽小亦持螯。捕取从沙坦，倾将入酒糟。野夫贪价贱，日夕不醇醪。

《蟹》

今年咸上早，膏蟹满江波。价比鱼虾贱，餐如口腹何。方肥频作蜕，未熟已衔禾。螯跪分儿女，无令暴弃多。

又

蟹逐咸头上，渔人网下稀。未衔禾穗罢，又食稻孙肥。买去茭塘海，烹来荔子矶。就中膏满者，持半奉慈闱。

又

凤尾多鱼醢，烝雏并上盘。闽人馋夕膳，稚子佐朝餐。多食宜鲜羽，春煎贵玉兰。蟹黄随月满，下酒有余欢。

《沉香蟹子》

蟹奴何太小，琐珐腹中来。乃是沉香作，天然六跪开。持为儿女佩，市自海南回。赠我琼瑶似，芬芳此一枚。郑儋州所贻。

又

小小招潮物，雕成得水沉。为怜香胆细，沉香生结者，常有香胆。持入绣囊深。化石宁无命，衔禾亦有心。红螺多腹汝，会向万州寻。万州红螺，腹中亦有小蟹。

又

活结琼南出，雕镂小似钱。月蛄为性命，潮州人名琐琣曰月蛄。石蟹让贞坚。膏似玄黄溢，香含兰桂鲜。繄[①]将纨扇上，容易美人怜。

又

触手香成物，儋州匠最名。螯怜双剑小，筐爱五铢轻。紫润含霜薄，红肥映月明。闲中时把玩，水族一关情。

又

介族珍惟女，无嫌小异常。秋深犹未蜕，月满正多黄。血结疑非木，班多识是香。番沉虽有此，不及海南良。

又

忽似真螃蟹，能乘旦暮潮。为奴依海月，饷客比江瑶。精液长如湿，芬馨久不消。微微沾手汗，更见异香飘。

《食黄甲戏作》 吴之振[②]

向来食蟹嗜团脐，放翁诗：团脐磊落吴江蟹。红泥满

---

① 繄：同“系”。

② 吴之振（1640—1717年）：字孟举，号橙斋，浙江石门（今桐乡市）洲泉镇人。

腹莹玻璃。轮囷郭索堆几案，招呼儿女无留稽。虽居泽国颇难致，那得残炙波僮傒。泖湖所产颇圆小，鲜嫩不令淮蟹跻。田塍筑椵水落枯萍黏蟹椵。亦网得，筐莒每愧溪翁齑。未能大嚼怀耿耿，徒役馋口饱盐齑。令行舟次殊厌饫，饤盘宁复数树鸡。一双黄甲更俊伟，满贮醇醪渍黄甲。螯张目突不受刲。始知渠定作鼻祖，彭越细碎曾玄齐。泼墨为图蟹族谱，宪章食物常提携。

《忆蟹》 晴川

读罢汉书频索酒，看穷离卦想持螯。刘孝仪《与永丰侯书》云：“倦持蟹螯，亟覆虾椀。每取朱颜，略多自醉。”老夫自是忧民食，元稹诗：“民食罄稻蟹。”夜夜潮声泊岸高。潮大则蟹少。

《诮蟹》

黄甲饶嘉誉，轮囷众不如。向人愁吐沫，披腹锦肠虚。

《农问蟹》

终岁苦筋力，曾不饱半菽。嗟彼佳公子，三秋稻粱熟。

《蟹答农》

农家卖新谷，黄金入私簏[1]。我唯有主人，轮芒如逐鹿。

《念奴娇·咏蟹次东坡韵》 焦竑

新秋雨足，喜今年，又见水乡风物。忆昔瓮头，人不见，一笑猛惊邻壁。满壳堆金，双螯劈玉，味胜经霜雪。罇[2]前检点，海鲜君是魁桀。

还想口内雌黄，胸中甲胄，空有雄心发。吴越兵戈，指顾间，眼见横行俱灭。何事龟蒙，区区作志，校量争毫发。世情如梦，持杯且问明月。

《桂枝香·咏蟹》 毛际可[3]

将逢重九，正稻熟深秋，橙香清昼。犹忆横行郭索，沙洲为偶。莫言公子无肠好，厌人生，几多机彀。夜阑误到，灯边纬箔，荆筐相守。

但愿监州去久。恰杖挂青蚨[4]，樽浮红友。更喜嫩黄初擘，动劳纤手。莼羹鲈鲙皆佳味，对西风益怀乡旧。中年自笑，持蟹已足，浮名何有。

---

① 簏（lù）：小篓。

② 罇：同“尊”。

③ 毛际可（1633—1708年）：字会侯，号鹤舫，清代文人。

④ 青蚨：铜钱。

晴川后蟹录

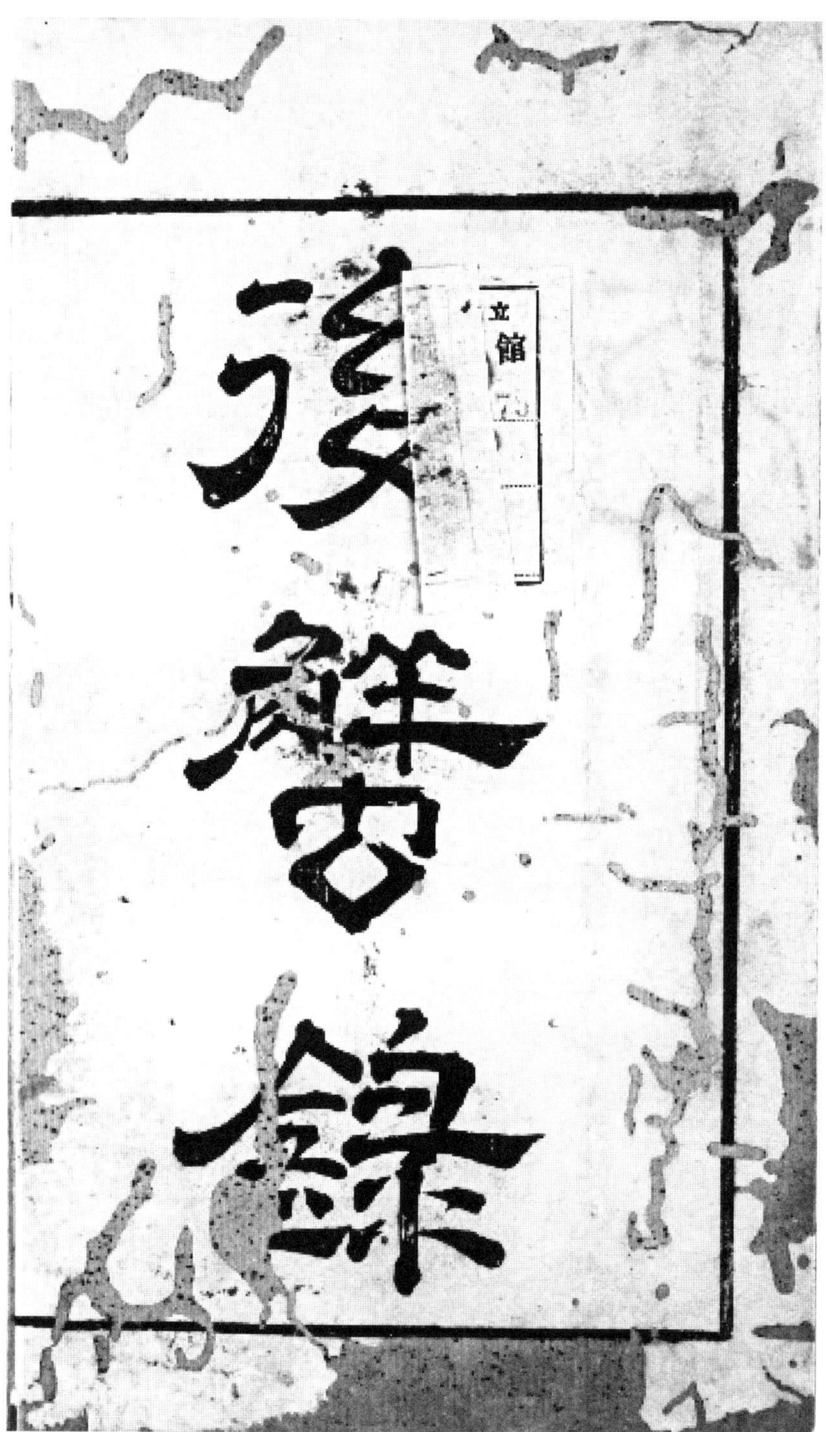

《晴川后蟹录》书影1

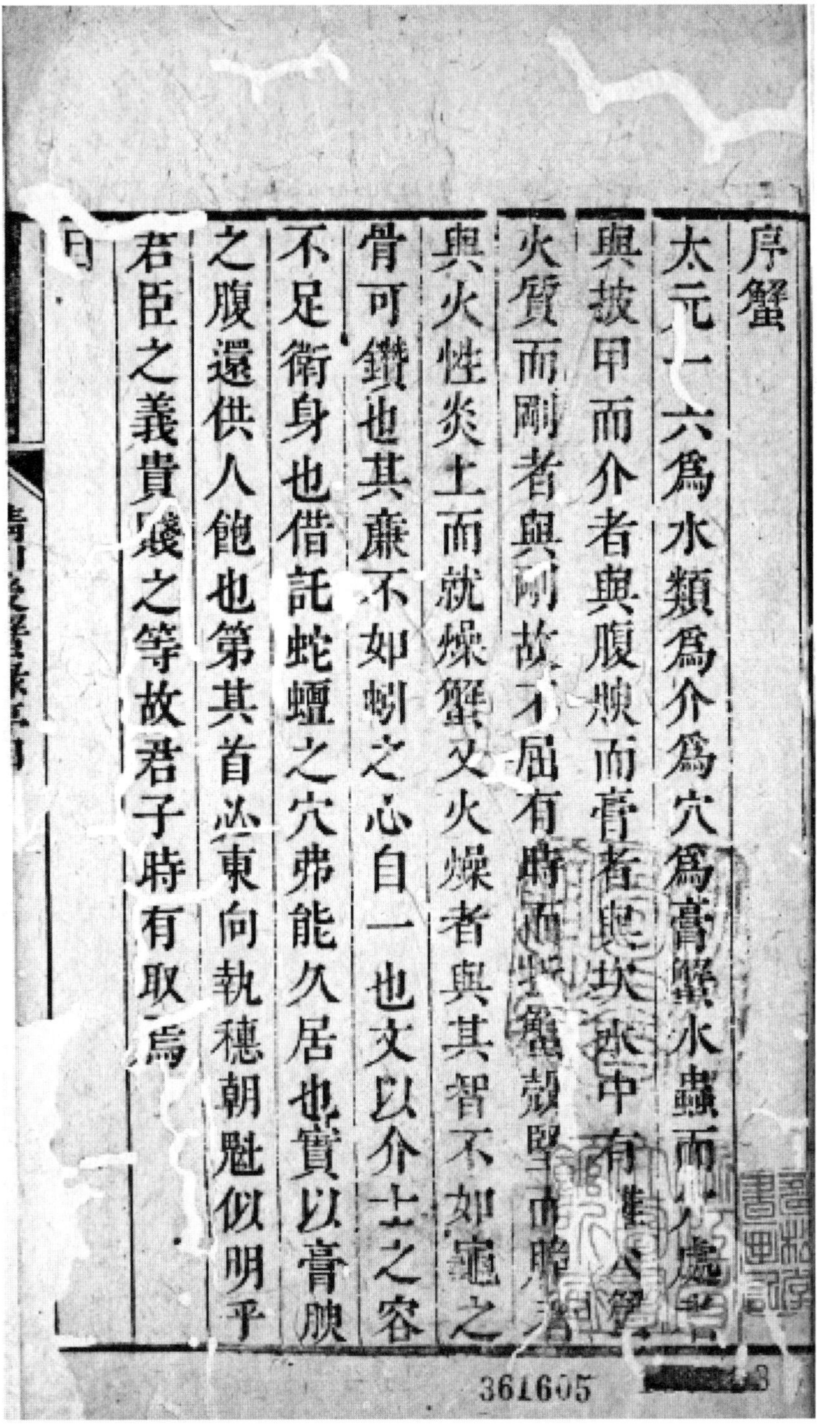

序蟹

太元一六爲水類爲介爲穴爲膏蟹水蟲而火處者

與披甲而介者與腹腴而膏者與坎欿中有[illegible][illegible][illegible]

火質而剛者與剛故不屈有時而[illegible]龜殼堅而勝者

與火性炎上而就燥蟹又火燥者與其智不如龜之

骨可鑽也其廉不如蚓之心自一也文以介士之容

不足衛身也借託蛇蟺之穴弗能久居也實以膏腴

之腹還供人飽也第其首必東向執穗朝魁似明乎

君臣之義貴賤之等故君子時有取焉

曰

《晴川后蟹录》书影2

序蟹

太元一六为水，类为介、为穴、为膏。蟹，水虫而穴处者，与披甲而介者，与腹腴而膏者，与坎水中有离火。蟹火质而刚者，与刚故不屈，有时而折；蟹壳坚而脆者，与火性炎上而就燥；蟹又火燥者，与其智不如龟之骨可钻也，其廉不如蚓之心自一也。文以介士之容，不足卫身也。借托蛇蟺之穴，弗能久居也。实以膏腴之腹，还供人饱也。第其首必东向，执穗朝魁，似明乎君臣之义，贵贱之等，故君子时有取焉。

--- 卷一 事典 ---

若士

《神仙传》[①]：若士者，古之仙人也，莫知其姓名。燕人卢敖者，以秦时游乎北海，经乎大阴，入乎玄阙，至于蒙谷之山，而见若士焉。其为人也，深目而玄准，鸢肩[②]而修颈[③]，丰上[④]而杀下[⑤]，欣欣然方迎风而儛[⑥]，顾见卢敖，因遁逃乎碑下。卢仍而视之，方蜷龟壳[⑦]而食蟹蛤。卢敖乃与之语曰："唯以敖焉，背群离党，穷观六合之外，幼而好游，长生而不渝，周行四极，惟此极之未窥。今观夫子于此，殆可与敖为友乎？"若士淡然而笑曰："嘻！子中州之民，不宜远而至此。此犹光乎日月，而载乎列星，比乎不名之地，犹窔奥[⑧]也。昔我南游乎网沵[⑨]之野，北息乎沉嘿之乡，西穷窅冥之室，东贯鸿洞之光。其下无地，其上无

---

①《神仙传》：东晋葛洪（284—364年）撰，收录了中国古代传说中的仙人事迹。

② 鸢（yuān）肩：两肩上耸，像鸱鸟栖止时的样子。

③ 修颈：《淮南子·地形训》："西方高土，川谷出焉，日月入焉。其人面末偻，修颈卬行。"

④ 丰上：额头宽广。

⑤ 杀下：丰上兑下、丰上锐下，面部上宽广而下瘦削。

⑥ 儛：同"舞"。

⑦ 龟壳：《淮南子·道应》："卢敖就而视之，方倦龟壳而食蛤梨。"高诱注："楚人谓倨为倦。"盘腿而坐谓之倨。若士盘坐于大龟壳上。

⑧ 窔奥：指隐蔽深曲之处。

⑨ 沵（mǐ）：水满。

天，视焉无见，听焉无闻。其外犹有沃沃之汜，其行一举而千万余里，吾犹未之能究也。今子游始至于此，乃语穷观岂不陋哉！然子处矣。吾与汗漫[①]，期于九陔[②]之上，不可以久驻。”乃举臂竦身[③]，遂入云中。卢敖仰而视之，不见乃止，恍惚若有所丧也。敖曰：“吾比夫子也，犹黄鹄之与壤虫也。终日行不离咫尺，而自以为之远，不亦悲哉！”

鹿宜孙

《云仙杂记》[④]：鹿宜孙食蚌蛸，炙于寿阳碗内，顿进数器。

解壳

《埤雅广要》[⑤]：蟹解壳，故曰蟹，蟹蠏曰寅。

输芒

王梅溪[⑥]《会稽风俗赋》：输芒之蟹，孕珠[⑦]

---

① 汗漫：广大，漫无边际。

② 九陔：天有九重，又谓之九垓。九陔谓九天之上。

③ 竦身：纵身向上跳。

④《云仙杂记》：后唐冯贽编古小说集。

⑤《埤雅广要》：明代牛衷创作的小学类训诂学著作。

⑥ 王梅溪：王十朋（1112—1171年），号梅溪，南宋诗人。

⑦ 孕珠：蚌类怀珠。

之蠃，文身合氏之子，蛤有文，故谓之文蛤。元稹之诗：“乡味尤珍蛤”。合氏子，见东坡《拔江瑶柱传》。跛足从事[1]之徒，街填巷委，与土仝多。

纬萧

庄子曰[2]：“河上有家贫恃纬萧而食者，其子没于渊，得千金之珠。其父谓其子曰：‘取石来锻之。’”东坡诗：“夜光明月空自投，一锻何劳纬萧手。”

郭索

《太玄》[3]：蟹之郭索，心不一也。

耎蟹

蟹蜕必以秋，其匡初蜕，柔弱如绵絮，通体脂凝，红黄杂糅，结为石榴子粒，四角充满，手触不濡，是名耎蟹。然每年四月八日，潮不大长，是日耎蟹尤多。故谚有云：“四月八日，耎蟹争出。”则蟹亦以忧而蜕矣。

---

① 跛足从事：鳖的别称。
② 庄子曰：出自《庄子·列御寇》。
③《太玄》：西汉扬雄《太玄·锐》。

石蟹

《一统志》[①]：临川水在崖州东一百三十里，唐以水名县。中产石蟹，渔人采之，初颇软，出水坚硬如石。

刘基《活水源记》：活水源，其中有石蟹，大如钱；有小鲼鱼[②]，色正黑，居石穴中，有水鼠常来食之。

《西溪丛话》[③]：南恩州[④]“海边有石山觜[⑤]，蟹过之，则化为石。”又，石蟹生于崖之榆林港内半里许，土极细腻，最寒，蟹入则不能运动，片时则成石矣。人获之则曰：石蟹。相传置之几案，能明目。在海南。

《桂海虞衡》[⑥]：石蟹生海南，形真是蟹。云是海沫所化，理不可诘。又有石虾，亦其类。

《末斋杂言》[⑦]：肇庆“濒海处有石蛇、石蟹之属，首足尾甲皆具。”

贾似道《悦生随抄》[⑧]云：蛇、蟹、蚕皆成石，万物变化不可以一槩[⑨]断。

---

①《一统志》：即《大清一统志》，清朝官修地理总志。

② 鲼（jì）鱼：即鲫鱼。

③《西溪丛话》：即《西溪丛语》，南宋姚宽（1105—1162年）撰笔记。

④ 南恩州：今广东阳江市，辖境相当于阳江、恩平二市地。

⑤ 觜：同“嘴”。

⑥《桂海虞衡》：即《桂海虞衡志》，南宋范成大（1126—1193年）撰广西风土志。

⑦《末斋杂言》：明代黎久之撰笔记。黎久之，亦名黎近。

⑧《悦生随抄》：南宋贾似道（1213—1275年）撰笔记。

⑨ 槩（gài）：同“概”。

白蟹

都昌柴棚镇[1]有古松一株，明太祖征陈友谅时驻跸[2]其下。万历甲申[3]知县王廷策即地建亭，掘得白蟹一枚，畜之江。又建前亭竖梁，有赤鲤从空飞下。

鲎蟹

《广东新语》：鲎，大者尺余，如覆箕，其甲莹滑而青绿，眼在背，口藏在腹，其头蜣螂而足蟹。足蟹而多其四：尾三棱，长一二尺，其血碧。其子如粒珠，出而为鲎者仅二，余多为蟹，为蛘虾、麻虾及诸鱼族。盖淡水之鱼，多生于鱼；咸水之鱼，多生于鲎。鲎乃诸鱼虾之母也。鲎者，候也，善候风，诸水族亦候之而出，故曰鲎。性喜群游，雌常负雄于背，背有骨如扇，作两截，常张以为帆，乘风而行。雌雄相积，虽遇惊涛不解，名曰鲎帆。渔者每望其帆取之，持其雄则雌者不去，如持其雌则雄去矣。然失雄亦不能独活，故曰鲎媚。取之又多以夜，凡海中夜行，举棹泼浪，则火花喷射。鲎蟹之属，缘行沙滩，亦一一有火花。水咸成火，渔者每拾一火，

---

① 都昌柴棚镇：今江西都昌县周溪镇柴棚村。清代顾祖禹（1631—1692年）撰《读史方舆纪要》卷八十四：柴棚镇在“县东南七十里鄱阳湖中”。

② 驻跸（bì）：帝王出行时沿途停留暂住。

③ 万历甲申：万历十二年，1584年。

则得一鲎蟹之属，盖海族多生于咸。咸，火之渣滓也。海族得水之清虚者十之三四，得火之渣滓者十之五六。介之类为离，离为火，鲎蟹者，火之渣滓所生者也。水之清虚所生者知雷，火之渣滓所生者知风，豚鱼与风相孚，鲎亦然。

鲎，雌大而雄小。谚曰："香山鲎，雌长雄幼。"雌稍大，常负其雄，得其双者乃可食。单者及身小名鬼鲎者，与尾有锯刺者，不可食。渔者杀而卖之，中有清水二升许，不肯弃。云以其水同煮，味乃美。非水也，血也。以色碧，故不知其为血也。

水者火之本，水润下作咸，则火炎上作苦。海族生于润下，即其生于炎上者也。凡鲎蟹之属，置阴处皆有火光，鳇鱼亦有火。元微之送客游岭南诗："曙朝霞睒睒，海夜火磷磷。"谓鲎蟹之属也。

琐琣

琐琣，状似珠蜯，壳青黑色，长寸许。大者二三寸，生白沙中，不污泥淖。有两肉柱能长短，又有数白蟹子在腹中，状如榆荚，合体共生。然璅琣清洁不食，但寄其腹于蟹，蟹为璅琣而食，食在蟹而饱在璅琣，故一名共命蠃，又曰月蛣。每冬大雪则肥，莹滑如玉，味甘以柔，盖海错之至珍者。谚曰："霜蟹雪蠃，味不在多。"凡蠃皆以雪肥，蟹则以霜。翁山[1]诗云："霜肥蠃

① 翁山：屈大均（1630—1696年），一字翁山。

有柱，月满蟹多黄。”有红蠃，腹中亦有小蟹，渔者率钓取之。又有海镜，有红蟹子为取食，一名石镜，其腹中小蟹曰蚌孥[①]，任昉[②]谓之筯。

寄居蟹

居蚌腹者，曰蛎奴，一名寄居蟹。

《闽部疏》：莆中“寄生最奇，海上枯蠃壳存者，寄生其中，载之而行，形味似虾。细视之，有四足两螯，又似蟹类。”

《广东新语》：有寄生蠃，生咸水者，离水一日即死；生淡水者，可久畜。壳五色如钿，或纯赤如丹砂，其虫如蟹，有螯足，腹则蠃也；以佳壳或以金银为壳，稍炙其尾，即出投佳壳中，海人名为借屋。以之行酒，行至某客前而驻则饮，故俗以为珍。有蝓螯者，二螯四足似彭蜎，其尻柔脆蜿屈，则蠃每窃枯蠃以居，出则负壳，退则以螯足扞户，稍长更择巨壳迁焉。与寄生虫异名，多足蠃，亦曰窃蠌。《越记》：负屋之螯，饲以云母，能产白珠。《梅华国志》：屋蠌千岁，出海为螯龙，盖此物也。

① 孥：同“奴”。

② 任昉（460—508年）：字彦升，南朝文学家、方志学家、藏书家，竟陵八友之一。

蟹利

沈括《崇德县儒学记》[①]：吴越多山，而湖泽渐其下，其枝者渚崖之间，不辨牛马[②]。崇德居山泽之介，孔道四出，战国之时，阖闾、勾践尝大战于槜李、御儿[③]之间，裂其地而守之，至今墟垄纲络，稻蟹之利，转徙数州。

蟹食

秋深盛寒，蟹食白蚬子而肥。

蟹子

《蠡海集》[④]：虾与蟹，坚在外，离象也。熟而色归赤，离中含阴，阴中不生，故虾、蟹之子皆在腹外。

佛书言，蟹散子后，即自枯死。

---

①《崇德县儒学记》：崇德孔庙初建于北宋元丰八年（1085年），沈括为崇德孔庙撰写碑记，题为《县学记》。后晋天福三年（938年），吴越国置崇德县，设县治于义和市（今浙江桐乡崇福镇）；康熙元年（1662年），改崇德县为石门县；1958年并入桐乡县。

② 渚崖之间，不辨牛马：两岸和水中沙洲之间连牛马这么大的东西都不能分辨。语出《庄子·秋水》："秋水时至，百川灌河；泾流之大，两涘渚崖之间不辨牛马。"

③ 槜（zuì）李、御儿：浙江嘉兴市古地名，槜李，今秀洲区；御儿，今桐乡市崇福镇。春秋时两地在越国北境，与吴国相邻。

④《蠡海集》：明代王逵撰笔记。

蟹母

鲎，雌者子满腹中，殆无空隙。炎海之蟹不孕，子皆鲎子所化，九为蟹，十一[1]为鲎也。鲎者，蟹之母，然独炎海之蟹母之。他处无鲎，蟹之所生又异矣。

蟹山

蟹山在海宁县治东六十三里，高五丈，周回半里。

蟹泉

《墨客挥犀》[2]：蒲阳[3]壶公山有蟹泉，在嵌嵓[4]之侧一丈，大可容臂。其源常竭，求涓滴不可得。州县遇旱暵[5]，即遣吏斋沭，置净器于前，以茅接之，泉乃徐徐引出，满器而止。有一蟹，大如钱，色红可爱，缘茅入器中戏泳，俄顷乃去。若遇蟹出，雨必霑足，此亦应天鳗井之类也。

《方舆胜览》[6]：象耳山在彭山县[7]。有杨佑甫

---

① 十一：十分之一。

②《墨客挥犀》：北宋彭乘（985—1049年）撰志怪笔记。

③ 蒲阳：今福建莆田。

④ 嵓：同“岩”。

⑤ 旱暵（miáo）：旱灾。

⑥《方舆胜览》：南宋祝穆（？—1255年）撰地理书。

⑦ 彭山县：今四川眉山市彭山区。

《十事记》：一曰象耳山；二曰彭祖宅；三曰大悲道场；四曰宝现、磨针二溪；五曰太白书室，有石刻太白留题云："夜来月下卧醒，花影零乱，满人襟袖，疑如濯魄于冰壶也"；六曰师悟志栖二大士会昌寺，七曰薛范二诗；八曰龙池蟹泉；九曰千岁松柏；十曰石恪画护身法。

徐熙画

米襄阳[①]《志林》：雒阳张状元师德[②]家多名画……周文矩[③]《士女》、徐熙[④]鳊鱼、蟹，皆有丁晋公[⑤]亲题印。

蝤蛑州

薛方山《通志》[⑥]：蝤蛑"生海边泥穴中"。舒懒堂[⑦]述里谚云："八月蝤蛑健如虎。"前贤多呼四明曰蝤蛑州。

---

① 米襄阳：北宋米芾（1051—1107年），湖北襄阳人。

② 雒阳张状元师德：张师德，北宋状元。雒（luò）阳，即洛阳。

③ 周文矩：五代南唐画家。

④ 徐熙（？—975年）：五代南唐画家。

⑤ 丁晋公：丁谓（966—1037年），北宋初年宰相，封晋国公。

⑥《通志》：明代薛应旗（1500—1575年），号方山，撰嘉靖《浙江通志》。

⑦ 舒懒堂：舒亶（1041—1103年），号懒堂，北宋词人。明州慈溪（今浙江慈溪市）人。

贞女化雾

《元池说林》[1]：金陵极多蟹。古传有巨蟹，背圆五尺，足长倍之，深夜每出啮人。其地有贞女，三十不嫁，夜被盗逃出，遇巨蟹横道，忽化作美男子诱之。贞女怒曰："汝何等精怪，乃敢辱我？我当化毒雾以杀汝。"遂自触石而死。明日大雾中，人见巨蟹死于道上，于是行人无复虑矣。至今大雾中蟹多僵者，故云落蟹怕雾。

蟹桊鬼像

《夷坚志》：吴兴郑伯膺监楚州盐场曹局，与海绝近。常睹龙挂，或为黄金色，或青，或白，或赤，或黑，蜿蜒天矫，随云升降，但不睹其头角。土人云："最畏龙窝，每出则必有涨潦，大为盐卤之害。"一旦，忽见之，乃平地窦出一窟。傍穿深窍，盖龙出入之处也。场众往视，无复踪迹，满穴皆龟鳖螺蚌。或于蚌内作观音像，姿相端严，珠琲璎珞，杨柳净瓶，无不备具。又于蟹桊内刻[2]一鬼，毛发森立，怪恶可怖，如是者非一。郑取数物藏贮之，今为浮梁[3]令，间以示客。

①《元池说林》：元代笔记，作者佚名。

② 刻：原无此字，据《夷坚志》通行本加。

③ 浮梁：今江西浮梁县。

煮茶

惠洪《烹茶诗》[1]：山童解烹蟹眼汤，先生自试鹰爪芽。今人以蟹吐沫声谓之煮茶。谚云：蟹鸣嘉客至。

佐酒

郑东白《游赤松山记》：己酉九月九日游赤松山，山涧底皆错落，大石可移，其水清冽。因命从者下水，堤石作洄湍屈曲势，择平者杂布为坐。诸客各据一石，令小僮取盘盏酌酒置上游，溯流而下，稍泊其坐者饮之，从者旋进，肴核各错布诸石上。水中有小蟹如大钱者，间横行盘盏间，命童拾之烹以佐酒，亦一异品云。

草名

有蟹眼、蟹壳。

虫名

《拾遗记》：石蟹，其形如蚱蜢而小，身长，两股如蟹，在草头飞。螽[2]之类也，而与蚯蚓交。

---

① 惠洪《烹茶诗》：释德洪（1071—1128年）撰《夏日陪杨邦基彭思禹访德庄烹茶分韵得嘉字》诗。释德洪，曾冒惠洪名，得度为僧，故又名惠洪。

② 螽（zhōng）：螽斯，蚱蜢。

南食

王十朋《和南食》诗：翻笑鱼蟹虾，晨夜何营营。

东首

蟹，海族，行必东首。

蟹奴

宋状元乐雷发诗：鱼婢蟹奴供俎豆，马人龙户杂耕桑。

蟹杯

顾太初《说略》：蟹杯以金银为之，饮不得其法，则双螯钳其唇，必尽乃脱，其制甚巧。戴石屏诗：落木三秋晚，黄花九日催。何当陪胜践，共把蟹螯杯。

方言

《鸡林类事》[①]：方言："螯曰团，蟹曰慨，鱼曰水脱。"

①《鸡林类事》：北宋孙穆撰有关朝鲜风土、朝制、语言的著作。

寄语

《寄语略》[1]：鱼曰游河，蟹曰指泥，虱曰未谏，水鼠曰服助来。寄即译也。西北曰译，东南曰寄。

关公蟹

《闽小记》：通州如皋有虎蟳，俗呼为关公蟹。

烈士椓

《东坡诗》：红螯烈士椓。

诸市

《武林旧事》：蟹行，新门外南上门。鲜鱼行，候潮门外。

酒楼

每楼有卖玉面狸、鹿肉、糟决明、糟蟹、糟羊蹄、酒蛤蜊、柔鱼、虾茸、𫚭干者，谓之家风；又有卖酒浸江瑶、章举蛎肉、龟脚、锁管、蜜丁、脆螺、鲎酱、法虾、子鱼、鮆鱼诸海味者，谓之醒酒口味。

①《寄语略》：明代薛俊撰《日本考略》。

市食

市食：炒螃蟹、姜虾米；蒸作从食：蟹黄、鹅项、子母龟、鸡头篮儿。

小经纪

蛇蝌儿、小螃蟹、虫蚁食、鱼儿活，名什甚多，不可悉数。每一事，率数十人各专藉，以为衣食之地，皆他处所无也。

发棺

《广五行记》：宋元嘉[①]中，章安[②]县人尝屠虎。至海口见一蟹，匡大如笠，脚长三尺，取食甚美。其夜梦一少妪，语云："汝啖我肉，我食汝心。"明日，其人为虎所伤。

《述异记》：出海口北行六十里，誊玙之南溪，有溪水清澈照底。有蟹焉，筐大如笠，脚长三尺。宋元嘉中，章安县民屠虎，取此蟹食之，肥美过常。其夜，梦一少妪语之曰："汝啖我，知汝寻被啖不?"屠民明日出行，为虎所食，余家人殡瘗[③]之，虎又发棺啖之，肌体无遗。此水至今犹有大蟹，莫敢复犯。

---

① 元嘉：南朝宋皇帝宋文帝刘义隆的年号，424—453年，共计30年余。

② 章安：今浙江台州章安镇。

③ 瘗（yì）：埋葬。

鸣冤

《湖壖杂记》：藩司治前有百狮池，甚深广。顺治八年季冬，群儿绕栏嬉戏，忽见赤蟹浮于池上，共讶严寒焉得有此！遂钩取之，有囊吞钩而起，举之甚重，视之，一肢解人也。急报藩伯，藩伯陈姓曰："蟹具八足。此间岂有行八之人，与名八之地乎？"一卒曰："去司不远，八足子巷中有丁八。"藩伯曰："速捕之。"至则遁矣。廉得巷中有皮匠妇，与丁八有私，而匠复数日不见，邻人疑而举之。捕匠妇，一讯而伏，诚与丁八成谋，以皮刀磔匠而沉之池，将偕奔而未追也。狱成，究不得八。藩伯旋开府粤西，偶至一山寺，寺僧具迎。随开府者一童子，忽报一僧曰："杀人丁八在是矣。"僧失色。开府曰："若安识之。"童子曰："予邻也。虽变服，而貌不可变。"童子盖浙人，而挈之以适粤者也。既得八，械送之浙，同伏法。

脂同切玉

《北墅抱瓮录》：分湖稻蟹极肥，脂同切玉，捣姜荐之，以佐村醸。谁谓荒寒寂寞之滨，遂无佳味哉。

膏色湛金

刘屏山[①]诗：光螺晕紫斑，簠膏湛金色。蟹躁辄横骛，鳖缩常畏出。

江南蟹雄

《癸辛杂志》：江南蟹雄，螯堪敌虎。然处蒲苇间，一灯水浒，莫不郭索而来，悉可俯拾。捕蟹者未闻血指也。

龙井小蟹

《武林旧事》：吴赤乌[②]中，葛稚川尝炼丹于此，在筼篁岭上。岩壑林樾幽古，石窦一泓，清澈翠寒，甘美可爱，虽久旱不涸。石上流水处，其色如丹。游者视久，水辄溢。人去即减，其深不可测。相传与江海通，有龙居之，每祷雨必应。或见小蟹、斑鱼、蜥蜴之类。井傍有惠济龙王祠。

金相玉质

黄鲁直诗：一腹金相玉质，两螯明月秋江。[③]

---

① 刘屏山：刘子翚（1101—1147年），宋代理学家，字彦冲，号屏山，学者称屏山先生。

② 赤乌：三国时期东吴的君主吴大帝孙权的第四个年号（238—251年），共计14年。

③ 出自杨万里《糟蟹六言二首其一》，原作黄鲁直诗，作者记忆有误。

解甲流膏

罗邺诗：黄金解甲肌肤实，白玉流膏骨髓香。

灌菊

《群芳谱》：以死蟹酿水，浇菊花则莠虫不生。

具馔

《清异录》：二三友来访，买得虾蟹具馔。

寺壁画蟹

风李秀者，不知何许人，佯狂奇谲，人因呼云。洪武[1]末，秀已老，托迹燕府，尝至后宰门侧一寺，寺壁新垩[2]，洁甚，僧将募工图之。秀曰："我为汝画。"顾檐下一筐中有瓠项甚多，秀一一取之，醮墨印壁上，僧恚詈[3]。秀曰："无庸怒。"因取笔写其下，成沙滩之状。瓠迹傍一一加以螯足，悉成蟹，俯仰倾侧，态状各异，望之蠕动，如生焉。后展京城折寺，敕[4]勿毁此壁，辇致门外某寺。

① 洪武：明太祖朱元璋年号（1368—1398年），共31年。
② 垩（è）：石灰，粉刷、装饰之意。
③ 詈（lì）：骂。
④ 敕（chì）：同"敕"。

钓蟹得元

《祝子志怪录》：吴县贺解元，恩戊子[1]岁，与二士同舟赴试。途次见钓者，贺谓二士曰："吾三人借钓竿各卜之，钓得蟹者为解元，鱼虾杂物者与中列，空饵者下第。"二士先之，一得鱼，一无获。贺一钓而得两蟹，后果如卜。二士忘为谁。

煮彭蠘

东坡读孟郊诗：初如食小鱼，所得不偿劳。又似煮彭蠘，竟日嚼空螯。

换青钱

明王叔承《南京游记》云：燕子矶岩之下多渔人设罾，或依沙洲石濑为舍，或浮舍水上，或隐其身山罅，或就崖树下悬居，或将鱼蟹向客卖换青钱，或就垆换酒竟去。悠悠天地，此何人哉。

杀生

东坡云：余少不喜杀生，时未断也。近年始能不杀猪羊，然性嗜蟹、蛤，故不免杀。自去年得罪下狱，始意不免。既而得脱，遂自此不复杀一物。有饷蟹、蛤者，放之江中，虽无活理，

① 戊子：干支历的六十甲子中的一个。

庶几万一。便不活，愈于煎烹也。非有所觊，但已亲经患难，不异鸡鸭之在庖厨，不复以口腹之故，使有生之类受无量怖苦尔。恨未能忘味，食自死物也。

海错

王世懋《闽部疏》：陶方伯尝言，闽中海错定虚得名耳。余怪，问何以？曰："蚶不四明，蛤不扬州，蟹不三吴。"余大以为然，蚶大而不种，故不佳；蛤乃车螯，非蛤蜊也；蟹之别种曰蝉蝤，吾地名黄甲，此名海蜎，特多此种。而蟹乃异状不中食，此又是一种，非真蟹也。独兴化数里，河中有蟹，形味俱似吴中，而土人不之重，岂日厌海错，不能别味耶？

生日斫蟹

王梅溪《生日示闻诗闻礼》诗云：身虽五马已二毛，烹羊击鲜斫蟹螯。

樽前风味

文徵明诗云：池上秋容霜点叶，樽前风味蟹流膏。

羹蟹

《关尹子》：庖人羹蟹，遗一足几上，蟹已羹而遗足尚动，是生死者一气聚散尔。不生不死而人横计，曰生死。

蟹潜

韩持国诗：蟹潜石穴幽，鱼沫柳根暗。

地形

地理书有螃蟹夜游、螃蟹盘湖、螃蟹出泥等名。又双爪太阴名曰蟹钳。金侧胭太阴，形如螃蟹横行裹头，太阴号为横蟹。又蟹足曜星，极贵而难合格。又生气吐出，谓之蟹眼。螃蟹之形，宜迁眼上，有游鱼作案，故曰金蟹捕鱼。又禄存星如值螃蟹形，谓之禄存带杀。

贝类

《广东新语》：徐闻之西，每天霁，海水清澈见底，浑然砥平，皆石也。石上多有石栏杆，海莱、铁树、云根、石菌、灵栭、上芝等物。沙中复有蠃、蛾、蜃、蜊、蚝、蚶、蝤蛑之属。凡古之威斗、大钟、刑鼎、琮弁、敦牟、卮匜，以及罍、缶、甗、釜、豆、区、惓、笞之状，无不备具。磨荡既久，肌理滑莹，皆作五色光怪。有客尝摭拾之，凡得贝类三百余，蠃类五百余，蛤类二百余，石类一百余，树类五十余。其最精丽纤巧，如相思子、甲香、指甲蠃、石蠃、石蟹、石燕、琗璖、瑇瑁等有六十余种，一一不同，是皆所谓贝也。

蟹螯

柳子厚[1]《游南亭》诗：留连俯棂槛，注我壶中醪。朵颐进芰实，擢手持蟹螯。明蒋之翘注：螯，大蟹也。

《芥隐笔记》：宋景文诗：蟹美持螯日，鱼香抑鲊天。用杨渊《五湖赋》：连鲩抑鲊。

醉铭：茂世紫螯，张翰青莼，全不知味，何由辨珍。

蟹蝑

张孟阳诗：黑子过龙醢，果馔踰蟹蝑。[2]

焚蟹

《佣吹录》：焚蟹黄而致鼠，囊萤火而聚鱼。《青溪暇笔》：蟹烟集鼠，人肌粉犀。

宜蟹

《路史·五胜相感篇》：皂荚宜蟹，黍以蟹散。

---

① 柳子厚：即柳宗元（773—819年），字子厚，唐代文学家、哲学家、散文家和思想家。

② 出自西晋张载《登成都白菟楼》，张载，字孟阳，生卒年不详。

母蟹

唐庚诗：须信子鱼藏妙理，坐令母蟹愧几才。[①]

雨蟹

《路史》：天雨虾、蛤、蠃、蟹、蚉、科斗蟆属。鳖。古云：雨鳖兵丧。

蟹类

《正字通》：蟹类甚众，其名亦殊。大而有虎豹文者，曰虎蟳；行泥涂中者，曰摊涂；似彭蜞可食，壳薄而小者，曰螠；抟土作丸，满百丸而潮至者，曰数丸；出于海者，名簻；阔壳而多黄者，名蠘，其螯最锐，断物如芟刈焉。

《岭表录异》：红蟹，壳殷红色，巨者可装为酒杯；虎蟹，壳上有虎斑，可装为酒器。皆产琼崖海边，虽非珍奇，亦不易采得也。

水蟹，敖壳内皆咸水，自有味，广人取之淡煮，吸其咸汁下酒；黄膏蟹，壳内有膏如黄酥，加以五味，和壳煿之，食亦有味；赤蟹，壳内黄赤，膏如鸡鸭子[②]黄，肉白和膏实壳中，淋以五

① 唐庚（1070—1120年）：字子西，北宋诗人。本诗出自《郑太玉送子鱼》。

② 鸡鸭子：鸡蛋、鸭蛋。

味，尝[1]以细曲为蟹馔，珍美可尚。

蟹辩

《西溪丛语》：蔡谟初渡江，见蟛蜞大喜曰："蟹有八足，加以二螯。"令烹之，既食，吐下，委顿方知非蟹。诣谢尚而说之，尚曰："卿读《尔雅》不熟，几为勤学死。"据《荀子·劝学篇》云："蟹六跪而二螯。"注云："跪，足也。"引《说文》云："蟹六足二螯，首也。"今考《神农本草》，蟹八足二螯，其类甚多。六足者名蛫，音跪。四足者名北，皆有大毒，不可食。《尔雅》云："蜎蠌曰蜎，即彭蜎也，似蟹而小。蜎，王穴切。"谢尚云读《尔雅》不熟，必《尔雅》说蟹。今本止有彭蜎一事，而他更无，恐《尔雅》脱文也。"勤学"当作"劝学"，恐晋书本误以"劝"为"勤"也。《建康实录》所引不误。今许叔重《说文》云："蟹有二螯八足，旁行。"杨倞引云"六足"，亦误，又衍一"首"字，亦误。韩非子云："蟹，螯首如钺。"即当有"首"字。文字脱落，疑误学者，可为叹息。

《蟹略》

《蟹略》四卷，高似孙续古撰。

① 尝：同"蒙"。

蟹评

晴川子曰：蟹之为物也，外刚壳脆，其钻穴如穿窬然，夫子所谓色厉内荏，譬之小人者与。

飞头老子

《酉阳杂俎》：岭南溪洞中有飞头老子，头将飞一日前，颈有痕匝，项如红缕，妻子遂看守之。其人及夜，状如病，头忽生翼，脱身而去，乃于岸泥寻蟹、蚓之类食，将晓飞还，如梦觉，其腹实矣。

贵州变婆

《剩录》：贵州平越山寨苗妇年六十余，万历丙戌秋日入山，迷不能归。接食水中螃蟹充饥，不觉遍体生毛，变形如野人。与虎交合，夜则引虎至民舍，为虎启门，攫食人畜。或时化为美妇，不知者近之，辄为所抱持，以爪破胸饮血，人呼为变婆。

治鸟

《博物志》：越地深山有鸟如鸠，青色，名曰治鸟。白日见其形，鸟也；夜听其鸣，人也。时观乐便作人悲喜，形长三尺，涧中取石蟹就人火间炙之，不可犯也。越人谓此鸟为越祝之祖。

山都

邓德明《南康记》云：山都，形如昆仑奴，身生毛，见人辄闭目张口如笑。好在深涧中，翻石觅蟹啖之。

山獠

眉公《书蕉》[①]：西方深山中有人焉，其长尺余，袒身捕虾、蟹，性不畏人，见人止宿，喜依火以炙虾蟹。伺人不在而盗人篮以食蟹，名曰山獠，其音自叫。人常以竹箸火中烞烨，而山獠皆惊。犯之令人寒热。

大蟹

《吕氏春秋》：非滨之东，夷秽之乡，大蟹、陵鱼。

珠蟹

蒋德璟《珠经》：玑珠，人形者曰珠佛。齐永明[②]中，越州献白珠像是也。长三寸，物形者曰珠鱼如鱼，珠螺如螺，珠蟹如蟹。

---

①《书蕉》：明代陈继儒（1558—1639年）创作的笔记。陈继儒，号眉公。

② 永明：南朝齐武帝萧赜的年号（483—493年），共10年。

蛤蟹

狄遵度《杜甫赞》云：诗派之别，源远乎哉！波流沄沄[①]，乃自我回。蹲昆仑巅，足乱四溟。覼[②]缕蛤蟹，拘致鲲鲸。蜿蜒委琐，巨细杂并。

螺蟹

崔伯易高邮西北甓社湖《珠赋》云：鱼则鰋、鲤、鳊、鳜、鯩、鲢、鲙、鲹。虫螺蟹若虾蛤。

巨螯容与

周邦彦《汴都赋》：其鱼则有：鳣、鲤、鲹、鲀，鲗、鲏、鰋、鲼，鲂、鳟、鳛、鲭，鳜、鲱、王鲔。科斗、魁陆，蛙、鼍[③]、鳖、蜃，含鲎、巨螯，容与相羊，荫藻衣蒲。

虾蟹奔忙

东坡《画鱼歌》：一鱼中刃百鱼惊，虾蟹奔忙误跳掷。

---

① 沄沄（yún）：形容水流动。

② 覼（zhěn）：同“诊”。

③ 鼍（tuó）：扬子鳄。

青州蟹黄

《酉阳杂俎》：梁刘孝仪食鲭鲊，曰："五侯九伯，今尽征之。"魏使崔劼[1]、李骞在坐，劼曰："中丞之任，未应已得分陕？"骞曰："若然，中丞四履，当至穆陵。"孝仪曰："邺中鹿尾，乃酒肴之最。"劼曰："生鱼、熊掌，孟子所称；鸡跖[2]、猩唇，吕氏所尚。鹿尾乃有奇味，竟不载书籍，每用为恨。"孝仪曰："实自如此，或古今好尚不同。"梁贺季曰："青州蟹黄，乃为郑氏所记，此物不书，未解所以。"骞曰："郑亦称益州鹿㲬[3]，但未是尾耳。"

镜溪虾蟹

白玉蟾《镜溪序》：若虾若蟹，总受罗笼；是鱼是龙，更无回避。

写经

《冥报记》：唐龙朔元年[4]，洛州景福寺比丘尼修行，房中有侍童伍五娘，死后，修行为伍娘立灵座。经月余日，其姊及弟于夜中忽闻灵座上

---

① 崔劼（jié）：南北朝时期北齐大臣，北魏名臣崔光次子，以清正著称。

② 跖（zhí）：脚掌。

③ 㲬（wěi）：通"萎"。鹿㲬：古代四川人吃埋在土中发臭的鹿肉。

④ 龙朔元年：661年。龙朔：唐高宗李治年号。

呻吟，其弟初甚恐惧，后乃问之，答曰：“我生时于寺中食肉，坐此大苦痛。我体上有疮，恐污床席。汝可多将灰置床上也。”弟依其言，置灰后看床上，大有脓血。又语弟曰：“姊患不能襚[①]衣，汝太蓝缕，宜将布来，我为汝作衫及袜。”弟置布于灵床上，经宿即成。又语其姊曰：“儿小时染患，遂杀一螃蟹，取汁涂疮得差。今入刀林地狱，肉中见有折刀七枚，愿姊慈愍，为作功德救助之，姊煎迫卒难济办，但随身衣服，无益死者，今并未坏，请以用之。”姊未报，间乃曰：“儿自取去。”良久又曰：“衣服取来。”见在床上，其姊试往观之，乃所敛之服也。遂送净土寺宝献师处，凭写《金刚般若经》，每写一卷了，即报云：“已出一刀。”凡写七卷了，乃云：“七刀并得出讫。今蒙福业助，即一往托生。”与姊及弟哭别而去。录此条，开后世写经公案，但既托生后，再食螃蟹奈何。

发愿

昔人有过嗜蟹者，以寒致疾。其友戒之，遂发愿云：“愿我来世，蟹亦不生，我亦不食。”

蟹夫

《朝野佥载》：唐姜师度好奇诡，为沧州刺史

---

① 襚：同“缝”。

兼按察，造枪车运粮，开河筑堰，州县鼎沸。于鲁城界内种稻置屯，穗蟹食尽，又差夫打蟹。告之歌曰："鲁地一种稻，一概被水沫。年年索蟹夫，百姓不可活。"

蟹行

蛇行，史形容苏秦兄妻耳。张超[①]：蟹行索妃。又孔平仲诗："小女作蟹行。"

水类

宋俞琰[②]曰：水类出水即死，风类入水即死，然有出入之类者，龟、蟹、鹅、凫之类是也。

水族

夏侯嘉正[③]《洞庭赋》："水之族将如何居"？神曰："大道变易，或文或质。沉潜自遂，其类非一。或被甲而邅[④]，或曳裙而牙。或秃而跋，或角而蜿，或吞而呀，或呿而牙，或心以之蟹，或目以之虾。或修臂而立，或横骛而疾。或发于首，

① 张超：东汉末年文士。"蟹行索妃"见张超《诮青衣赋》。原作"张起"。

② 俞琰：宋末元初道教学者。语见其撰《席上腐谈》。

③ 夏侯嘉正（953—989年）：宋代官员，撰《洞庭赋》。

④ 邅（zhān）：难行不进。

或髯[1]于肘。或俨而庄，或毅而黝。彪彪玢玢，若太虚之含万汇，各备其生而合乎群者也。”

博带

李白诗：霜寒博带肥。

班师

《宋史·列传》：曹翰从征幽州，攻城东南隅，卒掘土得蟹以献。谓诸将曰：“蟹，水物而陆居，失所也。且多足，彼援将至，不可进拔之象。况蟹者，解也。其班师乎？”已而果验。

李渔买命

李笠翁平生嗜蟹，以蟹为命。每于蟹未出时，即储钱以待。自呼其钱曰“买命钱”。

渔人为厌

《岳阳风土记》：江蟹大而肥，苐[2]壳软，渔人以为厌。自云：“网中得蟹，无鱼可卖。人亦罕食，近差珍贵。”

① 髯（rán）：胡须。
② 苐（dì）：同“第”。

舟楫为食

广[1]为水国，人多以舟楫为食。弱龄[2]男女崽，身手便利，即张罗竿首，画钓泥中，鳖、蟹、蜃、蛤之入，日给有余，不须衣食父母。

待制批答

陈随隐《漫录》：姑苏[3]守臣进蟹，待制程奎草批答云："新酒菊天，惟其时矣。"上曰："茅店酒旗语，岂王言耶？"令陈藏一拟闻，先臣援笔立成，略曰："内则黄中通理，外则戈甲森然。此乡出将入相，文在中而横行之象也。"

古今谚

螃蟹怕见漆，豆花怕见日。

小四海

孙节度承祐一宴，杀物命千数，每谓人："今日富有小四海矣。"谓南蝤蛑、北红羊、东虾鱼、西枣栗，皆备也。

---

① 广：指广东。

② 弱龄：又称"弱冠"，指幼年、青少年。

③ 姑苏：今江苏苏州。

尤杨雅谑

《鹤林玉露》：尤梁溪延之，博洽工文，与杨诚斋为金石交。淳熙[1]中，诚斋为秘书监，延之为太常卿，又同为青宫寮寀，无日不相从。二公皆善谑，延之尝曰："有一经句，请秘监对，曰：'杨氏为我。'"诚斋应曰："尤物移人。"众皆叹其敏确。厥后闲居，书问往来。延之则曰："羔儿无恙。"诚斋则曰："彭越安在？"延之先卒，诚斋祭文曰："齐歌楚些，万象为挫。瑰伟诡谲，我倡公和。放浪谐谑，尚友方朔。巧发捷出，公嘲我酢。"

螃蟹戏对

《暖姝由笔》：一御史巡按松江，与太守有旧。席间戏谓之曰："鲈鱼四腮，一尾独占松江。"太守应云："螃蟹八足，二螯横行天下。"

常州府学教授陈旺先生，有学而戆，常得银，凿壁砖藏之，外朱书曰："此处并无银八钱。"后被人取去。每过生员家，饮酒无间。赵同知某，戏出对云："溪边螃蟹浑身脚。"陈号北溪，故也。陈对曰："檐外蜘蛛一肚丝。"赵疑其讥己衔之。

---

① 淳熙：南宋孝宗赵昚的第三个和最后一个年号（1174—1189年），共计使用16年。

腥涎亵味

元吴莱《甬东古迹》：昌国中多大山，四面皆海，人家颇居篁竹、芦苇间，或散在沙墺，非舟不相往来。田种少类，入海中捕鱼、蝤蛑、蛇母、禅涂、杰步，腥涎亵味，逆人鼻口。

橙熟蟹肥

洪舜俞《老圃赋》：荻生而河豚上，橙熟而蟹螯肥。指虽动[①]而莫爵，腹不负其几希。

獠羞

昌黎《城南联句》：楚腻鳣鲔乱獠羞，螺蟹并又惊魂见。蛇蚓触嗅值虾蟛。

岁贡

《十三州志》：扶柳县[②]东北有武阳城，又北为博广池，池多名蟹、佳虾，岁贡王朝，以供膳府。

---

① 语出《左传·宣公四年》："楚人献鼋于郑灵公，公子宋与子家将见，子公之食指动。"原指有美味可吃的预兆，后形容看到好吃的东西而贪婪的样子。

② 西汉初为侯国，吕后封吕平为扶柳侯，后改为县。因有扶泽，泽中多柳故名。论今河北冀州西北扶柳城。

鱼蟹饶

明李濂游《百泉记》：苏门之麓有思亲亭，许师可为卫辉路总管，以其父鲁斋尝寓共城，思之为立亭，过亭为卫源庙，世称灵源公殿，曰清辉，郡邑之得名曰辉。以此宋元皆封王。至洪武初，厘正祀典，改称卫源之神，祷雨辄应。庙中刻碑具载唐宋以来褒封之典。近庙有涌金亭，泉仰出缕缕千万窠，汇为巨池，池方广一顷余，日照之如金，故名。中有菰蒲荇藻鱼蟹之饶，亭正壁有苏东坡书。

螃蟹徐

四明[1]城中有徐姓民妇，嗜螃蟹。每秋时，其夫于海滨拾螃蟹数十，以绳贯之携归，乃妇烹蟹大嚼，弃绳于户外，久之累累然成堆。一日妇早起，推窗望积绳处，如数百鬼现前。大惊，得病卧床数日，时时言："螃蟹绕身刺我，遂痛楚呼号卒。"至今人称为螃蟹徐。或云：扪蟹徐。

蟹行

弹琴，轮指曰蟹行，侧转指曰鸾鸣。若全用甲，则声干而多悲思；全用肉，则声重浊而不匀。

① 四明：今浙江宁波。

蟹石

洪阳洞有石，形如蟹，大小数十枚。有石龟石，形如龟，伏于洞中。有石螺石，形如螺，色白如玉。

钓蟹

《广东新语》：蟹之美在膏，而其容善于俯仰，俯以八足之折故曰跪，仰以二螯之倨故曰螯。螯者，敖也。以螯敖人，故昔人食蟹上螯，今则上膏。予村居多暇，秋日辄出扶胥钓蟹。有诗云："紫蟹得霜肥，衔禾上钓矶。闲垂兄弟钓，更得白鱼归。"兄弟钓本以钓河豚者，蟹触之亦往往多得。

水傀儡戏

《酌中志》：宫中水傀儡戏，每游移动转，水内用活鱼、虾、蟹、螺、蛙、鳅、萍、藻之类浮水上。

巧对绝怪

《暖姝由笔》：一举子旅店中，闻楼下一人出对云："鼠偷蚕茧，浑如狮子抛球。"思之不能对，至死，魂常往来楼中诵此对，人不敢止。后一举子强欲上楼，夜中果有诵此对者，乃答曰："蟹入鱼罾，却似蜘蛛结网。"怪遂绝。

噀语辱宾

《伽蓝记》：杨元慎口含水噀，庆之曰："吴人之鬼，住居建康，小作冠帽，短制衣裳，自呼阿侬，语则阿傍，菰稗为饭，茗饮作浆，呷啜鳟羹，唼嗍蟹黄，手把豆蔻，口嚼槟榔，乍至中土，思忆本乡，急急速去，还尔丹阳。"庆之伏枕曰："杨君见辱深矣。"

彭越复生

汉高祖杀彭越，覆其醢江中，化为蟹，因名彭越。至献帝时，彭越复托生为刘备，卒分汉室。出《通鉴博论》。

送蟹入釜

许棐《献丑集》：携鱼上砧，送蟹入釜，无不恻然，及坑才陷，艺惟恐不深，是不忍于细而忍于大。

狂客索酒

《玄亭闲话》：狂客过豪家索酒，适见有馈鱼蟹者，未出。客曰："孟尝门下焉得无鱼，吏部盘中定须有蟹。"一女奴出，将母命答曰："主人不杀，已付校人畜去，上客先期，都为学士尝空。"

地讳

各省皆有地讳，莫知所始。如湖广曰干鱼，江南曰水蟹。

地气

《草木子》：江之水族，如扬子大江，族类各有所限。江蟹至浔阳[①]则少，鲥鱼至鸭栏矶则少，面条鱼惟城陵矶[②]冬至前后始有之。其理犹鸜鹆不逾济，貉逾淮而死，当由地气始然。谢华启秀云：“江蟹不过官亭湖，时鱼不过鸭阑驿。”

虫类

邵子[③]曰：陆生之物，水中必具，犹形之于影也。巨于陆者，水中必细；细于陆者，水中必巨。今试推之，鱼，飞鸟类也；龙，蝘蜓类也；蟹，蜘蛛类也；虾，蚕类也；石虱，虱类也；石蚕，蚕类也；龟鳖，甲虫类也；螺蛳，胎生类也；鼍蜮，走类也；蛆黾，裸虫类也。

---

① 浔阳：今江西九江。

② 陵矶：位于湖南岳阳市东北15公里江湖交汇的右岸。

③ 邵子：即邵雍（1011—1077年），北宋哲学家、易学家，有“内圣外王”之誉。

水利

褚稼轩曰：吴为泽国，湖荡水滨，编竹设簖，可专鱼蟹茭芡之利。惟有势力者可得之，西湖亦然。近见杭人谣曰："十里湖光十里笆，编笆都是富豪家。待他十载功名尽，只见湖光不见笆。"

秋时

《清闲供·秋时》：日晡，持蟹螯鲈鲙，酌海川螺，试新酿，醉弄洞萧数声。

文比

《诗人玉屑》：东坡尝云："黄鲁直诗文如蝤蛑、江珧柱，格韵高绝，盘飧尽废，然不可多食。多食则发风动气。"《野客丛书》解云："诗文比之蝤蛑、江珧柱，岂不谓佳？至言'发风动气，不可多食'者，谓其言有味，或不免讥评时病，使人动不平之气，乃所以深美之，非讥之也。"

敖兵

《埤雅》：敖盖蟹首二钳如钺者，敖盖其兵也。所以自卫。

赵屯蟹

黄庶《宿赵屯》诗：菱芡与鱼蟹，居人足来去。

解城

解城在桑泉之南，以蚩尤体解名，《集韵》音蟹。

腹蟹

《坚瓠集》：常闻善啖者，腹有肉；鼠能饮者，腹有酒蟹。

蟹堁

《野客丛书》：《说苑》载淳于髡禳田之词曰："蟹堁者宜禾，洿邪者满车，传之后世，洋洋有余。"又祝曰："下田洿邪，得谷百车，蟹堁者宜禾。"荀子注引淳于髡祠田祝曰："蟹螺者宜禾。蟹螺，高地也，音果。"《史记》《战国策》："蟹螺"作"瓯窭"。瓯窭，犹培塿也。又：原蟹可对地蛇。见《庄子》。

鲒埼

《汉书》：鄞有鲒埼亭。梅圣俞《送鄞宰》诗："君行问鲒埼"，指此。

呼佛

《坚瓠续集》：唐天宝间，宣城[1]刘成舟中闻蟹呼佛。

金液

李太白诗：蟹螯即金液，糟丘是蓬莱。[2]

四行所属

《乾坤体义》：二十八宿各有其性而难辨，若十二房者：白羊、狮子、人马，禀火性；金牛、磨羯、室女，禀土性；双兄、天秤、宝瓶，禀气性；巨蟹、天蝎、双鱼，禀水性。四元行，谓火土水气也。双兄、室女，历家错为阴阳、双女，今正之。

蟹舡

姚涞，字惟东，浙江慈溪人。初赴会试，出江遇蟹舡，相触有声。涞问故，家人答曰："断船摇来撞头。"众闻之，谓语谶之佳，相贺。吴音以"断然姚涞状头"，果大魁。

---

① 宣城：今湖北宣城。

② 出自李白《月下独酌》四首之四。

蟹图

江夏[1]吴小仙伟，字鲁夫，一字次翁，幼寓金陵，工山水人物，荐入仁智殿供奉，孝庙赐画状元印。一日饮友人家，酒阑请作画，小仙将莲房濡墨，印纸上数处，皆莫测其意。少顷，纵笔挥洒，成捕蟹图，最为神妙。

倡和蟹诗

《挑灯集异》：昔宋贾收耘老能诗，隐居苕城南横塘上。吴兴东林沈偕君与者以蟹诗遗之，曰："黄秔稻熟坠西风，肥入江南十月雄。横跪蹒跚钳齿白，圆脐吸胁斗膏红。齑须园老香研柚，羹藉庖丁细劈葱。分寄横塘溪上客，持螯莫放酒杯空。"耘老得之不乐，曰："吾未之识，后进轻我。"且闻其不羁，因和韵诋之云："彭越孙多伏下风，蝤蛑奴视敢称雄。江湖纵养膏腴紫，鼎镬终烹爪眼红。嘲称吴儿牙似镀，劈惭湖女手如葱。独怜盘内秋脐实，不比溪边夏壳空。"君与怒曰："吾闻贾多与郡将往还预政，言人短长，曾与人所讼，吾以长上推之，乃鄙我如此。"复用韵报之云："虫腹无端苦动风，团雌还却胜尖雄。水寒且弄双钳利，汤老难逃一背红。蛜入几家烦海卤，醢城何处污园葱。好收心躁潜蛇穴，毋使雷惊族类空。"贾晚娶真氏时，谓"贾秀才娶真县

① 江夏：今湖北省武汉市江夏区。

君[1]”，以为笑。沈所指团雌为此。近有一跅弛士作蟹诗云：“五月黄梅触处生，蛟龙鱼鳖混为朋。身罗甲胄将军勇，口吐珠玑辩士精。食草池塘虽暂隐，输芒大海自横行。秋风志在肥天下，那怕人间鼎镬烹。”律韵虽失，而气则雄壮矣。

徙州

《宋史·乔维岳传》：维岳体肥年衰，难于拜趋，上特授海州[2]刺史。咸平[3]中，知苏州，素病风上，以吴中多鱼蟹，乃徙寿州[4]。

漆畏蟹

苏轼题跋：予尝使工作漆器，工以蒸饼洁手而食之，宛转如中毒状，亟以蟹食之，乃甦。

服漆

《抱朴子》：淳漆不沾者，服之则令人通神长生。饵之法，或以大无肠公子，或云大蟹，十枚投其中，或以云母水，或以玉水合服之，九虫悉下，恶血从鼻去。一年六甲行厨至也。

---

① 县君：命妇的称号。

② 海州：今江苏连云港。

③ 咸平：宋真宗赵恒年号，998—1003年，共计6年。

④ 寿州：今安徽寿县。

谷害

《论衡》：陆田之中时有鼠，水田之中时有鱼、虾、蟹之类，皆为谷害。

擗蟹

《抱朴子》：以臭雏之甘呼鸳凤，擗蟹之计要猛虎，岂不陋乎！

画谱

《宣和画谱》：李延之《双蟹图》，徐熙《蓼岸龟蟹图》，袁嶬《鱼蟹图》，御府所藏。

石谱

《云林石谱》[1]：广、连、丰、柳等山多钟乳洞，洞有石龟、蟾、蟹、蝘蜓及果蓏，一一坚贞，或颜色如生，盖因钟乳点化成石。

枯蟹

《癸辛杂识》：余尝侍先子[2]观潮。有道人负一簏[3]自随，启而视之，皆枯蟹也。

---

①《云林石谱》：北宋杜绾撰，中国第一部论石著作。
② 先子：自己的父亲。
③ 簏（lù）：竹箱。

龟蟹

陆希声《山居记》[1]：决于甽[2]窦使龟蟹为灾，决于沮洳使蛙黾[3]得志。

川泽之实

《左传》：山林川泽之实。疏："山林之实，谓材木樵薪之类；川泽之实，谓菱芡鱼蟹之属。"

土贡

《唐书·地理志》：沧州土贡，糖、蟹、鳢、鲚；江陵郡土贡，白鱼、糖、蟹。

捕鱼蟹

《北史·魏宗室传》：咸阳王坦，性好畋渔，秋冬独雉兔，春夏捕鱼蟹。

诏禁虾蟹

《北史》：齐文宣帝天保八年[4]春三月，大热，

①《山居记》：唐代陆希声撰《君阳遁叟山居记》文。

② 甽（zhèn）：同圳，田间水沟。

③ 黾（měng）：蛙的一种。

④ 天保八年：558年。

人或暍[①]死。夏四月庚午，诏禁取虾蟹蚬蛤之类，唯许私家捕鱼。

蝤蛑签

《玉食批》：以蝤蛑为签，为馄饨，为枨瓮，止取两螯，余悉弃之地，谓非贵人食。有取之，则曰若辈真狗子也。

① 暍：中暑。

---卷二 赋咏---

松江蟹舍赋 高似孙[①]

鸱夷子皮既相句践，仇阖闾，殄夫差，吊子胥，无忏恨于越人，乃骋怀于西吾，乃昴[②]然作，喟然吁曰：“兔死犬烹，鸿罹于罦。古人所危，吴其亟图[③]。”方将朝三江，夕五湖，一去不回，乐哉此桴。蓰其遗于人间，情袅袅于姑苏[④]。水绕乎笠泽，天包乎具区。松陵五一作互。潮，太湖交溺。一作潴。川纳錾府，波画村城。一作墟。石蹽一作罅。碕岸，崖厘别岖。波程杳渺，水路盘迂。洄渚棊[⑤]布，聚落星敷。采之于山，则绿腻女桑，黄苞橘奴，收菽贡梨，剥枣撷荼。取之于水，则丝被紫莼，笋含青菰，采菱春芡，食莲烧芦。是皆舟子所乡，鱼郎所庐。葭菼兮为域，莞苇兮为郛，鸿鹭兮为邻，鹊鹅兮为徒。时则天澄月净，风恬霭舒。或雾气之濛沫，或烟雨之扶疏。棹歌乱发，渔榜疾徐。命俦啸侣，靡一不鱼。荫柳边之罺椮，注隔花之罾罛。儿奏轻笱，妇呼飞罛。水事涉涉，一发靡虚。乃有鲙残之鲫，四鳃之鲈。瑰异丛毓，鳞甲纷挐。鲤皆会于渔市，羡足给于

① 高似孙（1158—1231年）：字续古，鄞县（今浙江宁波）人，南宋孝宗淳熙十一年（1184年）进士。

② 昴：通“昂”。

③ 亟（jí）图：赶紧谋划。

④ 姑苏：苏州古称。原作“如苏”。

⑤ 棊：通“棋”。

鱼租。至于露老霜来，日月其徂，万螯生凉，含黄腈肤。其武郭索，其雄睢盱，其心易躁，其肠实枯。勇鼓而喧集，齐奔而并驱。鸱夷公顾而笑曰："昔者吴之将微，民甚囍虞。厥有躁乱，害于菑畬。是固汝辈之所骋者欤？"吴人趋而告者："当是时也。善有鲜鉴，贞有罕孚，乐鸩乎毒，习甘乎谀。一艳方妍，漂香沉珠。乐极危生，沦胥以铺。是故非蟹罪也。维我吴人，以渔为娱。每施勤于簄断，皆得志于江涂。方洞庭兮始霜，熟万嫁兮丰腴。执一穗兮朝魁，目洪溟兮争趋。工纬萧兮承流，截彍沸乎一作兮。防逋。燎以干苇，槛以青筊。喧动凉菰，惊飞宿凫。其多也如涿野之兵，其聚也如太原之俘。蟹事卓荦，八荒所无。今敢藉以凉荻，束之风蒲。愿奉一醉，献诸大夫。"大夫嗒然笑曰："嗟汝吴兮巨丽，乐太伯兮开初。括于粤兮自裕，跨蛮荆兮远摹。于星纪兮经略，控轸野兮车书。至若薮泽幽灵，川渎滮洿，灌注兮天下之半，郁拂兮瀛州之居。忘越矢之倏西，叹鹿台之交芜。余方超万物兮如蜕，岂一蟹兮乐且。"吴人再拜进曰："大夫高矣！侬闻宅金汤之固者，莫崇乎德者也；建竹帛之功者，莫勇乎谋者也。目吴越之成败，忾君臣之嗟戏。然侬者生长水国，子孙泽隅。朝莫[①]一艇，暑寒一籧[②]。老鱼鳖而为命，狎鸥鸬而不孤。久与世以相忘，亦伤今而欲痡。大夫方将谢轩冕，乐樵渔，

① 朝莫：朝暮。

② 籧（qú）：籧篨（chú），古指用苇或竹编的粗席。

傥玄极兮相高，庶嘉遁兮不逾。今侬有粳可炊，有酒可沽。幸江山兮如待，祈风月兮无辜。”大夫为之欣然曰：“若子者，是岂以蟹为业者欤！非渭水之遗智，必山泽之修癯。”深乐其言，藏道于愚。欲去兮徘徊，欲逝兮勤渠。举酒酬酢，道古哀欤？与之释缚，为之拍浮。剞甲如山，齑橙如铺。一作餔。意晤忘言，酒深相扶。指青天兮自誓，幸来世兮知予。眇烟水兮莫流，迅孤舟兮长呼。蟹翁者三叹于邑，四顾踌躇。揖长江而如矢，聆浩歌而莫能俱。其歌曰：“天高兮月寒，天风兮水急。鸿远兮汲汲，人有墓一作慕。兮何叹及。老霜泽兮遗渔，断有蟹兮罛有鱼。酒答天兮天知予，子不得兮愁何如。”又歌曰：“洞庭兮既波，松江兮未雪。一舸兮自决，知者乐兮乐者哲。蟹健兮鱼肥，风吹觞兮酒淋衣。知有蟹兮不知时，若斯人兮其庶几。”

蟹赋　李渔[1]

死易青袍，卧披黄甲。胸腾数叠，叠叠皆脂；旁列众仓，仓仓是肉。既尽其瓤，始及其足，一折两开，势同截竹。人但知其四双，谁能辨为十六？戈甲宁施于外，示有备以无虞，城府不设于中，羡无肠而有膈。

① 李渔（1611—1680年）：字笠鸿，号笠翁，金华兰溪（今属浙江）人。明末清初文学家、戏剧家、戏剧理论家、美食家。

大蟹赞 郭璞[1]

姑射之山，实栖神人。大蟹千里，亦有陵鳞。旷哉溟海，含怪藏珍。

赞蟹 危巽斋[2]

黄中通理，美在其中。畅于四肢，美之至也。

又

蟹生于江者黄而腥，生于湖者绀[3]而馨，生于汉者苍而清，越淮多越掠，故或枵而不盈。

又

圆脐膏，尖脐螯。秋风高，圆者豪。请举手，不必刀。羹以蒿，尤可饕。

又

海聆聆，恶朝露，实筑篚，噀以醋。

寄生 季芷

籧舍之中，焉不可寄？或草或木，随所即次。琐蛣磈砸，腹蟹为馈。蚌蛤牡蛎，各无猜忌。虾据螺龛，咄咄怪事。

---

① 郭璞（276—324年）：字景纯，河东郡闻喜县（今山西闻喜）人。西晋时期著名文学家、训诂学家。

② 危巽斋：危稹（1158—1234年），自号巽斋，南宋诗人。

③ 绀（gàn）：稍微带红的黑色。

蟹卦[1] 褚稼轩[2]

蟹亨，利涉大川，不利有攸往[3]，至于八月有凶。《彖》曰：蟹，解也。顺以兑剥而烹，故解也。利涉大川，终无尤也。至于八月有凶，其道穷也。《象》曰：蟹泽上于地，君子以饮食宴乐。初六，用凭河，需于沙，出自穴，盈缶。《象》曰：需于沙，宜乎[4]地也。盈缶，乃大得也。九二，蟹用牡，大壮，朋至斯孚，一握为笑，勿恤永吉。《象》曰：朋至斯孚，道大光也。六三，外刚内柔，包荒不遐遗，剥之无咎。《象》曰：剥之无咎，应乎天也。九四，备物致用，君子有蟹，不速之客三人来，食之终吉。《象》曰：君子有蟹，志喜也。食之终吉，不素饱也。六五，月几望，利西南，不利东北。《象》曰：几望有损，乘天时也。不利东北，察地脉也。上六，观我朵颐，齐咨涕洟，君子吉，小人否。《象》曰：观我朵颐，亦不足贵也。君子吉，尚宾也；小人否，尚口乃穷也。

---

① 蟹卦：模仿《易经》解卦的卦爻辞所作。

② 褚稼轩：褚人获（1635—1682年），字稼轩，清代文人，撰有《续蟹录》。

③ 利涉大川，不利有攸往：卦辞曰："益，利有攸往，利涉大川。"也就是说，当事物损到无所再损的时候，接下来的就是益了。

④ 乎：原作"平"，据《易》改。

示蟹文 曹宗璠[①]

尾斩蝌蚪，腹式蜘蛛；圆旋毁规，方步灭矩。流脂沃肪，有似董卓之脐；睅睛怒视，殊同华元之目。有螯无当于蚌持，为匡何增于蚕绩。

登大雷岸与妹书 鲍照[②]

至于繁化殊育，诡质[③]怪章，则有江鹅、海鸭、鱼鲛、水虎之类，豚首、象鼻、芒须、针尾之族，石蟹、土蚌、燕箕、雀蛤之俦，析甲、曲牙、逆鳞、返舌之属。

答友人悦往霅上 范质

霅[④]上号水晶宫，非止谓野渡酒溪，渔乡蟹舍隐映于浩渺间也。绿波满郭，花下橹声，而转桥到门，倚柳垂钓，不减濠梁之意。

与韩稚圭[⑤] 范仲淹

《素问》奇书，其精妙处三五篇，恐非医者所

---

① 曹宗璠：明末清初文学家。

② 鲍照（414—466年）：南朝宋诗人。

③ 诡质：不同品类。

④ 霅（zhà）：霅溪，水名，在浙江。现在叫东苕溪。

⑤ 韩稚圭：即韩琦（1008—1075年），字稚圭，北宋政治家、词人。

能言也。书序云："三坟[①]言大道也。"此必三坟之书。宜少服药，专于积气，养生之说也。道书曰"积气成真"是也。唯节慎补气、咽津之术可行之，余皆迂怪。贪慕神仙，心未灰而意已乱，必无信矣！儿子致疾由此也。近却肯服药，有图史[②]、蒲博[③]、琴尊[④]以自愉悦，有兴则泛小舟，出盘、阊二门[⑤]，吟啸览古于江山之间，渚茶野酿，足以消忧；莼鲈稻蟹，足以适口。又多高僧隐君子，佛庙胜绝，家有园林，珍花奇石，曲池高台，鱼鸟流连，不觉日暮。

与温公[⑥]书　东坡

彭城佳山水，鱼蟹侔江湖[⑦]，争讼寂然，盗贼衰少，聊可藏拙寓居。去江无十步，风涛烟雨，晓夕百变，江南诸山在几席，此幸未始有也。

① 三坟：伏羲、神农、黄帝之书，谓之以《三坟》。

② 图史：图书和史籍。

③ 蒲博：古代的一种博戏。亦泛指赌博。

④ 琴尊：琴与酒樽，文士悠闲生活用具。

⑤ 盘、阊（chāng）二门：苏州城门名。盘门，西南门，有水陆两门；阊门，西门。

⑥ 温公：即司马光（1019—1086年），北宋政治家、史学家、文学家，别名司马温公、司马文正。

⑦ 侔江湖：原文无，据《苏轼全集》加。

答赵抚干伯椿 王十朋[①]

荐拜割翰之辱，如对标致于几席间，喜可知也。暑雨未歇，伏审莲幕，风高赞画，有相台候万福。某窃禄怀愧，每厘记录蝤蛑风味，不惟胜无肠公子，自可以辈瑶柱，江君会稽固不易得，钱塘又绝无之，临食必起故乡之思，兴与鲈莼同，但不能如张翰之勇决耳。远蒙分贶，以养吾老饕，愧感俱不少也。道山石渠，辄纳墨本，置之悠然阁，可与南山同入眼。刘子政乃天禄阁中人，岂容怀惓惓之忠，久屈于外耶？

回吴守中秋送物 刘宰[②]

五马人生贵，方仰窃于余辉明月，今宵多忽鼎来于嘉饷富哉！腊醖美矣，霜螯饼饵，芬香果实，罗列具形，真染皆铁画银钩，敬诵好辞，信金声玉振。自惟衰晚，曷称抚绥，袖漫刺而弗前，愧祢衡之不敏，舍正堂而安敢，尚齐相之矜原，伺颁召节，即贡贺笺，禀谢不虔，赐察是望。

---

① 王十朋（1112—1171年）：字龟龄，号梅溪，温州乐清（今浙江省乐清市）人。南宋著名政治家、诗人、爱国名臣。

② 刘宰（1167—1240年）：字平国，号漫塘病叟，镇江金坛（今属江苏）人，南宋诗人。

辰州与田叔禾书 陈束[1]

乡渡兰江，知执事留滞樠溪，忻然甚期一会，迫雨潦溪涨，全行日少，才及下隽，轺车已先日背发，惭灼如何，昔人重追朋，故或轻千里解组绂相从，仆今不能不如古人远矣！烦暑跋涉，伏惟无恙，此邦故夷蛮之都，自昔遐矣。西去更有崇山茂林，停岚惨黷，昼日不开，硔硐潨澓[2]，悬崖崪石，马瘏不敢前，鸢飞跕跕不能渡。慓心兹时，睇夜郎之修坂，感昔贤之遗欷，豫阳何心，能不悲乎？尚念在郎署时，与君席地持蟹螯，倒甋浮白，张目大噱，何期不朝夕，乃命步武间，不遂对晤，固信诗人所以重一日之别也。

江行 钱起[3]

吴疆连楚甸，楚裕异吴乡。谩把樽中物，无人啄蟹黄。

---

① 陈束（1508—1540年）：字约之，号后风，鄞县（今浙江省宁波市鄞州区）人。

② 硔（hóng）硐（dòng）潨（cóng）澓（fú）：硔：深沟。硐：同“洞”。潨：水的交汇处。澓：回旋的流水。河水由于有深沟暗洞，而使得流水湍急、暗流涌动。

③ 钱起（722—780年）：唐代诗人，字仲文，吴兴（今浙江湖州市）人。

忆江南旧游 羊士谔[1]

曲水三春弄彩毫，樟亭八月又观涛。金罍几醉乌程酒，鹤舫闲吟把蟹螯。

送卢弘本浙东觐省 张佑[2]

东望故山高，秋归值小舠。怀中陆绩橘，江上伍员涛。好去宁鸡口，加餐及蟹螯。知君思无倦，为我续《离骚》。

灞上逢元处士东归 许浑[3]

瘦马频嘶灞水寒，灞南高处望长安。何人更结王生袜，此客虚弹贡氏冠。江上蟹螯沙渺渺，坞中蜗壳雪漫漫。旧交已变新知少，却伴渔郎把钓竿。

舟行早发庐陵郡郭寄滕郎中

楚客停桡太守知，露凝丹叶自秋悲。蟹螯只恐相如渴，鲈鲙应防曼倩饥。风卷曙云飘角远，雨昏寒浪挂帆迟。离心更羡高斋夕，巫峡花深醉玉卮。

---

① 羊士谔（762—819年）：中唐诗人，泰山（今山东泰安）人。
② 张佑（？—853年）：唐代诗人，字承吉。
③ 许浑（791—858年）：唐代诗人，字用晦，润州丹阳（今江苏丹阳）人。

钓侣 陆龟蒙

一艇轻拵看晚涛，接䍦抛下漉春醪。相逢更倚蒹葭泊，更唱菱歌擘蟹螯。

和渔父词 宋高宗

云洒清江江上舩[①]，一钱何得买江天。摧短棹，泛长川，鱼蟹来倾酒舍烟。

道卿学士领二浙漕，赋得酒 韩琦[②]

倾酿留佳客，秋亭弭使旄。奉觞归养切，行筭别魂劳。上若名乡近，长安美价高。清怀思酌水，惠政忆投醪。论德堪成颂，评诗更助豪。行闻趋节觐，同我怨持螯。琦往年不遂龙舒之行，道卿以不尝蟹形于嘲戏。

次韵答滑守梅龙图重阳惠酒

滑醪清满菊花卮，只欠新螯左手持。今岁并边雨多，偏市未至。欲报善邻将意厚，苦惭家酿带春醨。

---

① 舩：通“船”。

② 韩琦（1008—1075年）：字稚圭，相州安阳（今河南安阳市）人，北宋政治家、词人。

九日水阁

池馆隳[1]摧古榭荒，此筵嘉客会重阳。虽惭老圃秋容淡，且看寒花晚节香。酒味已醇新过热，蟹黄先实不须霜。年来饮兴衰难强，漫有高吟力尚狂。

淮上 释道潜[2]

芦梢向晚战秋风，浦口寒潮尚未通。日出岸沙多细穴，白虾青蟹走无穷。

予求守江阴未得，酬昌叔忆江阴见及之作 王安石

黄田港北水如天，万里风樯看贾舡。海外珠犀常入市，人间鱼蟹不论钱。高亭笑语如昨日，末路尘沙非少年。强乞一官终未得，祇君同病肯相怜。

小酌 苏舜钦[3]

寒雀喧喧满竹枝，惊风淅沥玉花飞。霜柑糖蟹

---

① 隳（huī）：毁坏。

② 释道潜（1043—1106年）：北宋诗僧，自幼出家，与苏轼等人交好。

③ 苏舜钦（1008—1048年）：字子美，梓州铜山县（今四川省中江县）人，北宋时期大臣，提倡古文运动，善于诗词。

新醅美，醉觉人生万事非。弘君举《食檄》有“糖蟹车螯”。

送谢寺丞知余姚 梅尧臣[①]

姚江千里海汐应，山井亦与江湖通。秋来鱼蟹不知数，日日举案将无穷。

寄题苏子美沧浪亭

沧浪何处是，洞庭相与邻。竹树种已合，鱼蟹时可缗。

寇君玉郎中大蟹 文同[②]

蟹性最难图，生意在螯跪。伊人得之妙，郭索不能已。《墨客挥犀》：郭索，蟹行貌也。

寄圣俞二十五兄 欧阳修[③]

忆君去年来自越，值我传车摧去阙。是时新秋蟹正肥，恨不一醉与君别。

---

① 梅尧臣（1002—1060年）：字圣俞，宣州宣城（今安徽宣城市宣州区）人，北宋官员、诗人。

② 文同（1018—1079年）：字与可，号笑笑居士，北宋梓州梓潼郡永泰县（今四川绵阳市盐亭县）人，著名画家、诗人。

③ 欧阳修（1007—1072年）：字永叔，号醉翁，晚号六一居士，北宋江南西路吉州庐陵永丰（今江西省吉安市永丰县）人，北宋政治家、文学家。

戏书示黎教授

古郡谁云亳陋邦，我来仍值岁丰穰，乌衔枣实园林熟，蜂采桧花村落香。世治人方安垅亩，兴阑吾欲反新桑。若无颍水肥鱼蟹，终老仙乡作醉乡。

渔父 苏轼[①]

渔父饮，谁家去，鱼蟹一时分付，酒无多少醉为期，彼此不论钱数。

金门寺中

生平贺老惯乘舟，骑马风前怕打头。欲问君王乞符竹，但忧无蟹有监州。

送王庭老朝散知虢州 苏辙[②]

风高熊正白，霜落蟹初紫。夜阑意未厌，河斜客忘起。

---

① 苏轼（1037—1101年）：字子瞻，号东坡居士，世称苏东坡。眉州眉山（今四川省眉山市）人，北宋文学家、书法家、画家。

② 苏辙（1039—1112年）：字子由，晚号颍滨遗老，眉州眉山（今四川省眉山市）人，北宋官员、文学家。

次韵杨褒直讲揽镜

鬓发年来日向衰，相宽不用强裁诗。壮心付与东流去，霜蟹何妨左手持。

答文与可以六言相示因道济南事

野步西湖绿缛，晴登北渚烟绵。蒲莲自可供腹，鱼蟹何尝要钱。

久不作诗呈王适

懒将词赋占鸮臆，频梦江湖把蟹螯。笔砚生尘空度日，他年何用继《离骚》。

次韵赵正字蟹 赵师秀[1]

嗔尔横行为多足，割尔两螯如割玉。怜尔有甲不自卫，评尔一身黄胜肉。吴江十月天霜寒，吴人微尔不举飡[2]。萑蒲勿讶束尔急，与虎争强能上山。

戏咏江南风土 黄山谷

十月江南未得霜，高林残水下寒塘。饭香猎

① 赵师秀（1170—1219）：南宋诗人，永嘉（今浙江温州人）。

② 飡：通“餐”。

户分熊白，酒熟渔家擘蟹黄。橘摘金包随驿使，米舂玉粒送官仓。踏歌夜结田神社，游女多随陌上郎。

闲题 陈造[1]

自笑冠裳裹沐猴，只今江海信虚舟。断无贝阙珠宫梦，好在黄鸡紫蟹秋。诗外尽为闲日月，人间分占素公侯。政须沤鹭供青眼，未厌山林映白头。

糟蟹荐杯 王十朋

曲生有理何曾浊，公子无肠却最佳。罗馔宁同富儿饮，带糟聊慰老饕怀。

出清溪

归舟十日阻池阳，风伯相留意亦良。长喙参军初荐熟，无肠公子正输芒。齐山却向江南好，秋浦尤于社后凉。明日解维苕霅去，梦魂犹在水云乡。

谢路宪送蟹 曾文清

从来叹赏内黄侯，风味尊前第一流。只合蹒

① 陈造（1133—1203年）：字唐卿，江苏高邮人（今属江苏金湖闵桥镇）人，南宋官员，著有《江湖长翁文集》四十卷。

蹒付汤鼎，不须辛苦上糟丘。

章仓席上　刘宰[①]

官舍若幽居，四围山水绿。中有超诣士，薄书厌拘束。邂逅文字饮，交契如金玉。朱弦发清音，纹楸理新局。一杯复一杯，夜阑更秉烛。木落天宇宽，蟹肥酒初熟。相期壮观游，凭高重送目。勿令儿曹知，此味我所独。

次韵田园居　方岳[②]

带郭林塘尽可居，秫田虽少不如归。荒烟五亩竹中半，明月一间山四围。草卧夕阳牛犊健，菊留秋色蟹螯肥。园翁溪友过从惯，怕有人来莫掩扉。

次韵郑总干

底须咄咄漫书空，未觉人间欠此翁。黄犊自随谙寂寞，青山亦讳话穷通。人方怒及水中蟹，我亦冥如天外鸿。醉眼不知人几品，久将樵牧等三公。

---

① 刘宰（1167—1240年）：字平国，镇江金坛（今属江苏）人，南宋诗人。

② 方岳（1199—1262年）：字巨山，号秋崖，新安祁门（今属安徽）人。南宋诗人、词人。

人间 许月卿[1]

人间潇洒柳塘仙，三遣诗来各四篇。安得左螯右杯酒，与吾烂醉柳塘边。

咏蟹 陈与义[2]

量才不数制鱼额，四海神交顾长康。但见横行疑是躁，不知公子实无肠。

次钱穆父 孔平仲[3]

何当开竹溪，玉腕互酬献。左手持蟹螯，平昔固有愿。

冠君玉小蟹 文同

骨甲与支节，解络尤精研。手足虽尔多，能使如一钱。

---

① 许月卿（1217—1286年）：字太空，号泉田子，南宋理宗淳祐四年（1244年）进士。

② 陈与义（1090—1139年）：字去非，号简斋，今河南洛阳人，北宋末、南宋初年的杰出诗人。

③ 孔平仲（1044—1111年）：字毅夫，今江西省峡江县罗田镇西江村人。北宋文学家、诗人，孔子后裔。

石湖写景 高文度[①]

阖闾台下越来溪，处处西风飐酒旗。翠壁丹梯开短轴，黄花红叶入新诗。镕金霜蟹须高价，蘸甲香醪辄满卮[②]。落日去尘驴背稳，短琴双笈一童随。

送邹景仁 刘克庄[③]

冲寒何处去，新戌尚来年。客劝休辞幕，君言已买船。霜清江有蟹，叶脱木无蝉。若过东林寺，携家往问禅。

杭州杂和林石田 汪元量[④]

偶出西湖上，新蒲绿未齐。携来鳊缩项，买得蟹团脐。问酒入新店，唤船行旧堤。乱离多杀戮，水畔几人啼。

---

① 高文度：生卒年不详，元朝诗人。

② 卮（zhī）：古代盛酒的器皿。

③ 刘克庄（1187—1269年）：字潜夫，号后村，今福建莆田人，南宋豪放派词人，江湖派诗人。

④ 汪元量（1241—1317年）：字大有，号水云，今浙江杭州人，宋末元初诗人、词人、宫廷琴师。

江南忆 吴激[1]

平生把螯手，遮日负垂竿。浩渺渚田熟，青荧渔火寒。曾看霜菊艳，不放酒杯干。比老垂涎处，糟脐个个团。

银州道中[2]

小渡霜螯贱于土，重岩野菊大如钱。此时最忆涪翁语，无酒令人意缺然。

画蟹 贡南湖[3]

海浦天寒落晚潮，怒睛红甲利双螯。酒边若得金盘荐，也续坡仙赋老饕。

谢陈壶天惠蟹 龚璛[4]

寒浦缚来肠已无，枯骨裹肉肉自腴。为君唤醒江湖梦，孤篷细雨声相濡。贫家不办满眼沽，糟床溜溜红真珠。起来为立西风里，一径晴寒菊数株。

---

① 吴激（1090—1142年）：字彦高，自号东山散人，宋、金时代画家。

② 银州道中：金代蔡松年（1107—1159年）诗。银州，今陕西省榆林市米脂县、佳县一带。

③ 贡南湖：生卒年不详，即贡性之，字有初，元末明初人，著有《南湖集》。

④ 龚璛（1266—1331年）：元代诗人，工诗文，擅书法。

黄盆渡次友人韵 杨公远[①]

到得黄盆九月天，呼童弛担驻征鞯。迢迢江水天连楚，漠漠淮乡稻满田。酒旆风翻疎[②]柳外，渔家网晒夕阳边。买将郭索倾杯处，对景诗成恰一篇。

看潮 瞿宗吉

垆头酒美劝人尝，紫蟹初肥绿橘香。店妇也知非俗客，奚奴背上有诗囊。

送静江教授唐廷爵以老病归雷阳 刘三吾[③]

千仞冈头一振衣，人民城郭是邪非。度江温峤方求进，解印渊明已赋归。桂岭风高鸿鹄去，海门潮退蟹螯肥。来春倘遂还乡愿，我亦溪边理钓矶。

月夜同诸友酌 汪广洋[④]

休拨紫檀槽，且倾黄浊醪。凉天兼得月，我

---

① 杨公远（1228—？年）：字叔明，今安徽歙县人，宋末元初画家。

② 疎：同“疏”。

③ 刘三吾（1313—1400年）：字以行，自号坦坦翁，湖南茶陵人，明初大臣。

④ 汪广洋（？—1379年）：字朝宗，江苏高邮人，明朝初年宰相，通经能文，尤工诗，善隶书。

辈复持螯。彭蠡一杯大，匡庐半壁高。竹林潇洒地，应有醉山涛。

江村乐 高启[①]

日斜深坞牛卧，潮落平沙蟹行。秋社未开绿酝，夜炊初碓红秔。

吴门赋谢陆继之黄柑紫蟹之贶 倪瓒[②]

阖闾城外皆春水，斜日维舟方醉眠。携手故人惊梦里，送书飞雁落樽前。黄柑开裹烦相赠，紫蟹倾筐也可怜。忆尔独居湖上宅，晴窗奇石翠生烟。

江舡早起 杨基

霁色耀轻霞，风樯起曙鸦。防寒凭酒力，避浅问渔家。日出鸡鸣树，波清蟹上沙。此时篷底坐，极目看芦花。

---

① 高启（1336—1374年）：字季迪，号槎轩，今江苏苏州人，元末明初著名诗人、文学家。

② 倪瓒（1301—1374年）：字泰宇，号云林子，今江苏无锡人，元末明初画家、诗人。

送人之平江投刺李守 张羽[①]

送君何处游？一剑古苏州。螃蟹黄花市，鲈鱼碧水秋。寻碑松坞寺，按曲酒家楼。况尔多能者，膺门必见留。

画蟹 钱宰[②]

江上莼鲈不用思，秋风吹老绿荷衣。何妨夜压黄花酒，笑擘霜螯紫蟹肥。

蟹 徐子熙[③]

瀚海潮声万派浑，鱼虾随势尽惊奔。雄戈老甲瞠双眼，独立秋风捍禹门。

九日子畏北庄小集 文徵明[④]

野蔓藤梢竹束篱，城闉曲处有茅茨。主人萧散同元亮，胜日登临继牧之。踏雨不嫌莎径滑，抚时终恨菊花迟。欲酬良会须沉醉，况有霜螯送酒卮。

---

① 张羽（1333—1385年）：字来仪，号静居，今江西九江人，元末明初文人。

② 钱宰（1299—1394年）：字子予，元明间浙江会稽人，元末明初诗人。

③ 徐子熙：生卒年不详，字世昭，上虞（今属浙江）人，明代诗人。

④ 文徵明（1470—1559年）：今江苏苏州人，明代画家、书法家、文学家、鉴藏家。

麻姑一尊饷以可

年来踪迹滞江乡，会合差池意渺茫。故遣麻姑供一笑，不教元亮负重阳。新杭已荐长腰白，落蟹还闻塞壳黄。欲赋秋光题不得，梦魂先到故人傍。

寒夜以可饷蟹灯下小酌有感

户外新霜入敝裘，灯前小酌破牢愁。莫言贫士无高致，只对山妻胜俗流。草榻地炉寒有味，卷书樽酒醉还休，元龙欲发题诗兴，故遣尖团到案头。

徐汉即事 李梦阳[①]

桃花潭前雪美姿，杨柳滩头柳不迟。着心虾蟹章江出，章江只解产鸬鹚。

题画 唐寅[②]

雪满梁园飞鸟稀，暖煨榾柮闭柴扉。地炉温却松花酒，刚是溪头拾蟹归。

---

① 李梦阳（1473—1530年）：字献吉，号空同，祖籍河南扶沟，出生于甘肃省庆城县，明代中期文学家。

② 唐寅（1470—1524年）：字伯虎，号六如居士，今江苏省苏州市人，明朝著名画家、书法家、诗人。

海上杂味 汤显祖[①]

月晦来书蟹，脂膏脱满筐。绀花浮凝点，犀箸走留香。

斫蟹 吴宽[②]

斫鲙曾有人，斫蟹始自予。蟹也我所欲，所欲宁舍鱼。南人无不食，水族到蛏蜍。风味觉斯下，至美当输渠。今岁美且贱，不待霜降初。鼎烹本何罪，连收同族诛。我老齿将落，两螯奈偏腴。手持但垂涎，颇亦晋人如。姜醯既登案，聊间以嘉蔬。一斫即可断，大嚼已无余。所恨性不饮，右手犹自虚。晋人定相笑，醒然一何愚。口腹为小体，养之愧轲书。惟应知味者，或取斯言欤。

上巳日吴野人烹蟹及吴化父兄弟宴集 王叔承[③]

前溪雨足溪水新，夜涨桃花三尺春。三月三日日初丽，浮玉流觞骄醉人。偶过杨柳桥西宅，鱼罾蟹簖当门立。舡头活蟹紫堪击，重欲满斤阔逾尺。主人藏蟹真得宜，急流之下青龙垂。日饲

① 汤显祖（1550—1616年）：字义仍，号海若，江西临川人，明代戏曲学家、文学家。

② 吴宽（1435—1504年）：字原博，号匏庵，今江苏苏州市人，明代名臣、诗人、散文家、书法家。

③ 王叔承（1537—1601年）：初名光允，字叔承，明代诗人。

稻子数百穗，枫落直过桃花时。蜀椒吴盐落砧细，宝刀香腻春葱丝。雄者白肪白于玉，团脐剖出黄金脂。主人有蟹不卖钱，但逢佳客留斟酌。持螯岂慕尚方珍，长对杜康呼郭索。

雨后杂兴

野水平溪桥，波翻蓼花乱。斫竹编青篮，门前开蟹簖。

盐蟹数枚寄段摄中谊斋 宋讷[①]

无肠公子旧知名，风味非糟亦自清。祇信海霜肥郭索，须劳野火照横行。两螯白雪堆盘重，一壳黄金上箸轻。公退避寒应买酒，献芹毋笑野人诚。

蟹 汤宾尹[②]

蟹至秋冬之交，丹膏流溢，荐酒味佳，譬之词家，盖楚骚之体也。

散发青天下，双螯手自持。金膏丹鼎溢，玉骨海风吹。只合娱南客，宁忘寄岛夷。一壶清酹罢，为诵楚骚诗。

---

① 宋讷（1311—1390年）：字仲敏，号西隐，元末明初滑县人，元朝官员。

② 汤宾尹：生卒年不详，字嘉宾，号睡庵，安徽宣州人，明朝官员。

有客 孙一元[1]

草堂对湖水，地僻有高情。雨意开林色，秋光泛菊英。到舡觅鱼蟹，有客过柴荆。长日看山处，相留几簟清。

螃蟹碛 朱尔迈[2]

己酉泸阳发舟，从金子山东下，经擦耳手爬两崖，过此曰马鬃碛，曰藋木岩，曰新矶子，忽见江心盘石之上群蟹怒搏，戛戛然与江流争势，榜人曰此螃蟹碛也。

朝行清酒滩，暮下螃蟹碛。暮暮复朝朝，风波永相隔。我欲持螯把酒一问之，其如水枯石烂，不得充几席。

食蟹怀晚邨 吴之振

色畏初筵岂老饕，狂歌痛饮尽麤[3]豪。湖头郭索盈筐买，恨不同兄把蟹螯。湖中蟹殊贱，十钱可得数十。

---

① 孙一元（1484—1520年）：字太初，自称关中（今陕西）人，明代文人。

② 朱尔迈（1632—1693年）：字人远，号日观，浙江海宁人，明朝作家。

③ 麤（cū）：同“粗”。

买得斗酒复获巨螯急邀邻舟烧烛共酌

平原督邮[1]昨日到，便唤无肠公子来。擘脐旋露白玉碎，剖筐忽见黄金堆。小户拼作长虹饮，深杯安用急雨催。《离骚》痛读缘底事，吴侬那得楚些哀。

楚中家报 李渔

自别金陵蟹，囊空市味疎。长斋几绣佛，才食武昌鱼。

谢蟹歌为归安令君何紫雯作

客邸晴明犹苦寂，那堪檐溜终宵滴。晓来风雨更猖狂，倒倾峡水将词敌。无酒无钱避蟹螯，街头遇见无颜色。一年能有几番持，等得钱来君已蛰。正在扪胸叹息时，神明邑宰能先知。堂高不隔闾阎苦，帘远如闻客舍咨。皂隶门前呼得得，廪人气喘庖人默。赍[2]来粟肉两盈肩，到门各自图休息。更有一人曲两肘，左挟无肠右携酒。胥吏曾经读《晋书》，持来妙合前人手。尽言使君怜尔穷，囊空无物壮词峰。斗酒双螯供晚醉，豚

---

① 平原督邮：劣酒、浊酒的隐语。语出南朝宋·刘义庆《世说新语·术解》："桓公有主簿善别酒，有酒辄令先尝，好者谓'青州从事'，恶者谓'平原督邮'。"

② 赍（jī）：指拿东西给人，送给。

肩菰米备朝饔。我借使乎衔命口，代说欢欣意难剖。惟将韵事付长歌，汗竹与君图不朽。人去呼童涤釜尘，蒸豚煮蟹开芳罇。豪饮酣歌还大嚼，贫儿今日忽辞贫。我才愧相如，谬食临邛食。德惭闵仲叔，猪肝累安邑，只因当地主人贤，至使由手隋农忘稼穑。

宿迁岸见捕蟹者 张纲孙[①]

下相城边已夕晖，高滩风起浪花飞。土人结网横流处，八月黄河紫蟹肥。

蟹仙 晴川

《异识资谐》云："蟹黄中有小骨如猴，俗呼蟹和尚。"儿子擘酒蟹说，一僧兀坐胡床。余观之果相似。近有上人作诗称为蟹壳仙者，岂佛法本出老庄，禅家有观白骨法，即庄子化臂求鸮炙之说。今蟹肉剔去，但留白骨，和尚静坐此中，澄虑存想自身要见浸渐，假借化此身为异物，则神与形离，自然解脱矣！因戏作偈语。

暂现猕猴相，兀坐恭狐禅。魔劫流三度，惑恼忧四缠。六窗[②]未曾息，屏山[③]诗："六窗要自息猕猴。"

① 张纲孙：生卒年不详，明末清初人，字祖望，号秦亭，浙江钱塘人，以诗文著称于时。

② 六窗：譬喻六根。

③ 屏山：宋代理学家刘子翚（huī）（1101—1147年），号屏山。诗出《少稷赋十二相属诗戏赠》。

九想欲生天。以兹酒海岸，漠漠起愁烟。仰愿慧刃挥，割此沉湎渊。往乘菩萨车，即坐如来莲。清净万邪灭，无为大道全。一心之谓道，何必求神仙。

醉蟹

自幼饫稻粱，失脚坠酒池。公子无他肠，醉死尚不如。

叹蟹

无肠争似虾蟆腹，虾蟆亦无肠。畏露还同被冻蝇。《暖姝由笔》：蟹畏雾露死。不向斯民存直道，厌行江上入鱼罾。

讥蟹

蟇能呼“子曰”。孔堂[①]虾蟇[②]解，读书呼“子曰”。蟹，不解。诗云：“有意效相如，成都去卖文。”

杂言

水蟹夸黄甲，山禽唤白头。贵者有时贱，老死营糟丘。我观北邙路，冢垒日悠悠。所以君子

---

① 孔堂：这里指古代的私塾，学校。

② 虾蟇：虾蟆。这里用谐音，指胡乱的意思。

心，勿作壤虫谋。愿言期百世，耸身汗漫游。

沙上蟹

巾道无知己，往来多俗情。不见沙上蟹，群行似友生。有时执一穗，怒目挥两兵。只为稻粱谋，莫顾弟与兄。

芦中虎

今夕杯酒欢，明日路傍土。胶漆岂不坚，怕遇芦中虎。

卖蟹口号

深溪渔父设簖，大小蟹俱网罗。不管螃蜞蟛蜎，只凭钱少钱多。

蟹词 陆次云[1]

半藏半露，窄穴容身。穿浅渡，如寂如喧，吹沫成珠个个圆。

不齐不正，遥睇青空。双眼硬，时疾时徐，郭索横行何所须。

① 陆次云：生卒年不详，清朝诗人。字云士，号北墅，浙江钱塘人。

摘句

人厌鱼蟹，五谷胥熟。昌黎《南海神庙碑》。

水濂杂鳣蝟。《征蜀联句》[1]。

炊粳蟹螯熟，下筯鲈鱼鲜。李颀[2]。

篱落罅间寒蟹出，莓苔石上晚蛩行。贾岛[3]。

邻鸡喧暮栅，寒蟹上灯窗。马臻[4]。

似鱼甘去乙，比蟹未成筐。韦庄[5]。

盈盘紫蟹千卮酒。罗隐[6]。

直至葭菼少，敢言鱼蟹肥。陆龟蒙。

橙蟹肥时霜满天。卢祖皋。

家酿难禁蟹，江鲈正得莼。韩琦。

酌以瘿藤之纹樽，荐以石盘之霜螯。东坡《中山松醪赋》。

紫蟹鲈鱼贱如土，得钱相付何曾数。

紫蟹应已肥，白酒谁能劝。

秋蝇已无声，霜蟹初有味。

空烦左手持新蟹，漫绕东篱嗅落英。

诗成自一笑，故疾逢虾蟹。

团脐紫蟹脂填腹。

---

①《征蜀联句》：唐代韩愈诗。

② 李颀（690？—751？年）：唐代诗人。出自《送马录事赴永阳》。

③ 贾岛（779—843年）：唐代诗人。出自《酬慈恩寺文郁上人》。

④ 马臻（1254—？年）：字志道，别号虚中，元代道士、画家。曾隐于西湖之滨。出自《野宿》。

⑤ 韦庄（836—910年）：晚唐诗人、词人。出自《和郑拾遗秋日感事一百韵》。

⑥ 罗隐（833—910年）：唐代文学家。出自《东归·仙桂高高似有神》。

悲同秋照蟹。注：余杭风俗，寒食雨后，家家持烛寻蟹。

海螯江柱初脱泉。

白鱼紫蟹早霜前。苏辙。

紫蟹三寸筐，白凫五尺童。

吴中腊月百事便，蟹煮黄金鲈鲙雪。

饮食随鱼蟹，封疆入斗牛。

江边鱼蟹为人肥。

奉亲鱼蟹兼临海。

无限黄花簇短篱，浊醪霜蟹正堪持。

梅尧臣有《谕鸥》《钓蟹》[①]诗。

陆珍熊掌烂，海味蟹螯咸。

野橘霜前熟，江螯露下肥。

篙师知蟹窟，取以助清樽。

淮南到时何所逢，秋叶萧萧蟹应老。

姚江遗鱼蟹，稽山奉笋蕨。

前日扬州去，酒熟美蟹蜊。

千跖恣食鸡，二螯时把蟹。苏子美。

淮湖江海上，惯食虾蟹蛤。王安石。

萧寺吟双竹，秋醪荐二螯。山谷题养浩堂画[②]。

松风转蟹眼。

供盘春笋杨妃指，荐酒江螯西子唇。西子唇，蟹螯也。

为我办酒肴，罗列蛤与蚌。欧阳修。

对酒把新蟹。

---

①《钓蟹》："老蟹饱经霜，紫螯青石壳。肥大窟深渊，曷虞遭食沫。香饵与长丝，下沈宁自觉。未免利者求，潜潭不为邈。"

② 山谷题养浩堂画：诗句为北宋黄庭坚《题燕邸洋川公养浩堂画二首》。

霜蟹得橙同臭味，梅花与菊作交承。戴石屏。

芙蓉媚日红相对，螃蟹着霜黄在中。

沙上雁初到，樽前蟹可持。

稍倦持螯手，犹残蓝尾觞。宋景文。

不羡嵇叔夜，左右持酒蟹。张九成。

常思老伊颍，紫蟹羞吴秔。晁补之。

蟹黄经雨润，野鸟从风奔。秦观《田居》。

鱼蟹常随舴艋归。文同。

溪中鱼蟹易寻觅。

为问好弹处，谁来听蟹行。

东阁何当呼侍儿，蟹螯不妨左手持。刘子翚。

酒泼葡萄螯斫雪，定知此愿不吾违。王梅溪。

蟹黄嗔止酒，鸡白劝加飧。唐庚。

蟹螯常新左手执，鸡头未老挼[1]玉粒。

少日诗人鲙鲸兴，莫年醉客持螯手。陈造。

蟹螯置把蛇卧影。

蟹肥与客争先把，稻熟催儿彻晚收。

芼鲈齑蟹代新蒭。陈传良《释名》：“蟹齑去其匡，熟捣之，令如齑也。”

稻蟹三吴正得秋。刘宰。

小蟹有益友，劲气摩穹苍。又，《通胡伯量书》云：“小蟹庄北来如何。”

团脐霜蟹四腮鲈。陆游。

吴蟹秦酥不容说。

小聚鸥沙北，横林蟹舍东。

读书时亦挂牛角，对酒正须持蟹螯。

① 挼（ruó）：搓揉。

喜看缕鲙映盘箸，恨欠斫蟹加橙椒。

此身幸已免虎口，有手但能持蟹螯。

白鱼如玉紫蟹肥，秋风欲老芦花飞。方岳。

药自不能专忌蟹，酒吾甚爱未浮蛆。

舴艋舟行容钓蟹。

霜螯玉树姚江上，作意三年醉月华。曾茶山。

蟹眼已没鱼眼浮。白玉蟾[①]：蔡襄《茶录》谓之蟹眼者，过熟汤也。

霜蟹香枨副所思。

万顷湖光绿，正是蟹香橙熟。

江头风景日堪醉，酒美蟹肥橙橘香。山民诗。

橙蟹醉斟知已重，莼鲈乡话益人多。朱雪岩。[②]

来随白舫三秋雨，散入青楼一夕灯。《诗林》。

扑纸春虫乱，爬沙夜蟹行。张宪。

我欲读《尔雅》，不辨螯蟹名。郭邦彦。

东海青童仙，踞龟啖蟹螯。陈孚。

衔杯忆霜蟹，沙尾莫停舟。《富阳县秋日》高翥。

僰僮供紫蟹，庖吏进黄麛[③]。张翥。

只怜郭璞注虫鱼，或误蔡谟啖蜞蟛。吴澄。

着句愁诗俗，持螯喜蟹肥。杨公远。

持螯把酒一生足，食蛤踞龟千劫非。《同倪云林、王伯纯饮，散，过大姚江》杨维桢。

水母或潮卷，蝤蛑乃泥蟠。吴莱。

潜游蟹断岛无人，饱啖虾须汉作国。

---

① 白玉蟾（1194—？年）：南宋道士、诗人。

② 朱雪岩：生卒年不详，宋代诗人。

③ 麛（mí）：幼鹿。

吕梁悬水无盘涡，况肯遽数蟹与赢。

稻蟹纷难数。

插竹侵沙鱼扈短，篝灯映草蟹碕空。

公往知我谁，翻然采蟛蜞。《至杭闻吴汲仲[①]先生没》。

水族纷异嗜，鱼蟹及蟛蜞。

巨螯擘拥剑，香饭漉雕胡。刘基。

新蟹斫金腴，甘醨拍琼液。宋濂。

晨泪鹍鸿多，秋腥鲈蟹赡。高启。

稻蟹灯前聚，莎虫机下喧。

稻熟湖蟹贱。

过湖就稻蟹，静处容不肖。

烟生远坞闻鸡唱，湖落平沙见蟹行。

紫蟹凝霜，香橙喷雾。杨基。

漱芳隽腴再三读，项上之脔左手蟹。《舟入蔡河怀徐幼文》。

黄柑来野市，紫蟹出溪浔。徐贲。

晓市多鱼蟹，村庄足稻粱。方尚祖《题沭阳》。

江湖鱼蟹总蜉蝣。王鏊。

鼎谢缪公仍馈肉，蟹怜毕卓独持螯。

苇梢缚蟹双螯乱。徐渭。

紫蟹壮可持，浊醪美堪掇。李于鳞。

归家得向钱郎醉，分取吴江蟹半黄。汤显祖。

水舍通鱼鸟，山田占蟹螺。

见说临川港，江珧海月佳。

① 吴汲仲：即胡长孺（1249—1323年），字汲仲。作者与汲仲君为浙江人，"胡""吴"读音不分，当属误记或误刻。

蕉叶共听窗下雨，蟹螯分弄手中杯。唐寅。

白发持螯能几醉，黄花在眼即重阳。文徵明。

紫擘轮芒蟹，黄烹啄黍鸡。

堆盘虾蟹输村乐，匝屋鸡豚验岁登。

野田初下披锦雀，怜龤能供啄雪螯。

金橙螃蟹，银瓮葡萄。马浩兰《花影集》。

香橙螃蟹月，新酒菊花天。《瀛奎律髓》注。

寄居之虫，委甲步内。《抱朴子》。

一鼎已煎红蟹眼。《韵府群玉》。

拥剑八带，甲鲹青鲻。余光《北京赋》。

江山之胜，稻蟹之美。苏舜钦《答范资政书》。

稻蟹不遗。王义丰《馆娃赋》。

头会箕敛，杼轴其空。灾异相仍，稻蟹不熟。卢思道《为隋檄陈文》。

蚕蟹鄙谚[①]，狸首淫哇[②]，苟可箴戒[③]，载于《礼》典[④]。《文心雕龙》[⑤]。

雾滃而蟹螯枯，露下而蚊喙折。《升庵外集》。

---

① 蚕蟹鄙谚：见《礼记·檀弓》。鲁国成地有人死了哥哥，不愿穿孝，后来听说孔子的学生来当地做官，才勉强穿孝。成地人作歌讽刺"蚕则绩而蟹有匡"。绩是缉麻，这里指吐丝。匡即筐，这里指蟹壳。意思是养蚕要筐，蟹壳好像筐，却与蚕筐无关。用以比喻弟弟虽穿孝，却不是为了哥哥。鄙：边远的地方。

② 狸（lí）首淫哇（wǎ）：狸首：《礼记·檀弓》中说，原壤的母亲死了，孔子来帮他办丧事时，原壤唱起歌来，第一句是"狸首之斑然"。狸：野猫。斑：杂色。这里指棺木的花纹像野猫头的纹采。哇：象声词，哭声。

③ 苟可箴（zhēn）戒：苟，如果；箴，对人进行教训。

④《礼》典：指《礼记》。

⑤《文心雕龙》：南朝梁刘勰（465？—520？年）撰文学理论著作。

霸州边塘泺，霜蟹当时不论钱。《春渚纪闻》。

黄擘团脐蟹，霜批巨口鲇。吴伟业。

地冷有霜飞入月，客贫无蟹度重阳。李渔。

鲸鹏之大，虾蟹之细。昌黎《鳄鱼文》。

蠊蟣高士，蚬子禅师。《佣吹录》。

无身之头，无首之体，蟹无首，海和尚无身。《抱朴子》。

鲽分体而合食，蛎奴、璅蛣异象而合食，知此而何彼何我？《笔洞子》。

襄里百哥，蒙古蟹也。白八蟹，足黄，大蟹壳。《事物绀珠》。

输芒蟹，曰药蟹。

沙狗，一名沙里勾。

石蚓，小蟹；石蝤蛑，小而黄，肉硬。

虾蟓蟹，鬼面蟹。

肉黄舍人执锐郎。

西施舌，生闽、广沙湾中，有小蟹，本名车蛤，以美故称。仝上。

王珧海月，三蝬虾江。《江赋》。

海水之阳，一蟹盈车。《周书注》。

乌贼拥剑，鼋鼍鲭鳄。《吴都赋》。

吴人呼蝤蛑曰黄甲，永嘉人呼蟛蜮曰青哥。

躬禹迹兮窥践宫，民如蟹兮谁能聪。《浙水府》。

笑我平生持螯手，未应咄咄左书空。孙觌。

---卷三 食宪---

巨源《食谱》

金银夹花平截，剔蟹细碎卷。冷蟾儿羹。冷蛤蜊。

郑樵《食鉴》

郑樵《食鉴》四卷：物有形质变异者，如兽有岐尾，蟹有独螯，羊一角，鸡四距之类是也。有犯日辰所禁者，如六甲日不食鳞甲之物，丙午、壬子日不食诸五脏；父母及自身本命日，不食本命所属肉是也。有犯时月之忌者，如螃蟹八月已前，脯修四月以后，麞[①]鹿、麋肉，四月至七月皆不可食是也。

《物类相感志》

"井水蟹黄，沙淋而清。""柿煮蟹不红。""煮蟹用蜜涂之，候干煮之则青。""糟酒酱蟹，入香白芷，则黄不散。""吃蟹了，以蟹须洗手则不腥。""鳖与蝤蛑，被蚊子叮了即死。"

夜糟

税瑛云：蟹以夜糟则不沙。

---

① 麞：同"獐"。

蜜酿蝤蛑

《云林遗事》[1]：蝤蛑盐水略煮，才色变便捞起，劈开留全壳。螯脚出肉，股剁作小块。先将上件排在壳内，以蜜少许入鸡弹[2]内，搅匀、浇遍，次以膏腴铺鸡弹上蒸之。鸡弹才干凝便啖，不可蒸过。橙、齑、醋供。

煮蟹法

用生姜、紫苏、橘皮、盐同煮，才大沸透，便翻；再一大沸透，便啖。凡煮蟹，旋煮旋啖则佳，以一人为率，秖[3]可煮二只，啖已再煮，捣橙、齑、醋供。仝上。

炒彭越

杭城二月，街市叫卖腌彭越。或有卖活彭越者，人家买归，用油酱炒食，曰酱炒彭越，可以下酒。

勿食蟹须

吾乡食蟹，去须勿食，以其性太凉，食之腹

---

①《云林遗事》：明代顾元庆撰笔记。

② 鸡弹：鸡蛋。

③ 秖：同"只"。

痛。吴下[1]以须为美，名曰玉蓑衣，言其松脆而美也。

饮食好尚

《酌中志》：八月宫中“造新酒，蟹始肥。凡宫人吃蟹，活洗净，用蒲包蒸熟，五六成群，攒坐共食。先揭蟹脐，细细用指甲挑剔，蘸醋、蒜以佐酒；或剔蟹胸骨，八路完整如蝴蝶式者，以示巧焉。食毕，饮苏叶汤，即用苏叶等件洗手，为盛会。”

夸食品

《坚瓠集》：吴中一富翁，自夸食品之妙。人即以其言作诗嘲之。有云：“剃光黄蟹常吞蛋，渴极团鱼时饮醨。”盖言雄蟹剃去螯毛，以甜酒调蛋灌之，则蟹黄满腹，凝结如膏，置鳖于温汤中，渴极伸头，则以葱、椒、酒浆饮之，味尤奇美。

蟹生

高濂[2]：脯胙品，用生蟹剁碎，以麻油先熬熟，冷，并草果、茴香、砂仁、花椒末、水姜、

① 吴下：泛指吴地，以苏南地区为主。

② 高濂（？—1620年）：明代戏剧家，着《遵生八笺》，后文出自《饮馔服食笺》。

胡椒俱为末，再加葱、盐、醋共十味，入蟹内拌匀，即时可食。

食蟹三昧

李笠翁[①]曰：食蟹，只合全其故体，蒸而熟之，贮以冰盘，列几上，旋剥旋食，为得食蟹三昧。若和以他味，使蟹之色、蟹之香与蟹之真味全失。

制蟹

《月令广义》[②]：凡鲜蟹烹食，以尖脐者佳。凡酒酱及糟，只用团脐者，切忌搀入尖脐，恐易沙壤。淮上糟蟹每以三十为率，要团脐者，以腊糟一斤半，盐八两，酽醋半斤，椒矾末量用，仍以腊黄酒一斤半拌匀，如法封藏，可至来年夏月，其味最美。

糟蟹

李渔《闲情偶寄》：瓮中取醉蟹，最忌用灯。但初醉之时，点灯一盏，照之入瓮，则与灯光相习，任凭照取，永无变沙之患。

---

① 李笠翁（1611—1680年）：即李渔，明末清初文学家、戏剧家、美食家。

②《月令广义》：明代冯应京（1555—1606年）撰农书。

《居家必用·己集》:《糟蟹歌括》云:“三十团脐不用尖,水洗控干,布拭。”糟盐十二五斤鲜,糟五斤,盐十二。好醋半斤并半酒,拌匀糟内。可飧七日到明年。七日熟,留明年。

晒蟹

白子蟹,出宁波镇海,满壳皆子而无肉,子即其肉也。土人取生蟹晒干以馈客,名曰干蟹子。临食用麻油、好醋浇之,鲜盐有佳味,但藏久则味变,不中食。

油沸蟹

杭人有蟹羹,镇江有蟹面,皆取蟹黄为之。诸暨则有油沸蟹,用生蟹劈开,亟以椒末、葱丝和面裹之,以油沸之,入盐花少许、微酒略烹一沸熟,面黄为度,其味甚美。此蟹出五六月间,诸暨天花落稻熟时,蟹群出食稻,肥美,独早于他处。若杭州沙上,六月亦有蟹,然大者壳空而瘦,不中食,且恶其不时。其小者,时有人用此法制食,谓之曰拖面煎蟹。

酒蟹

酒蟹:于九月间拣肥壮者十斤,用炒盐一斤四两,好明白矾末一两伍钱,先将蟹洗净,用稀篾篮封贮,悬之当风半日或一日,以蟹干为度。好醅酒五斤,拌和盐、矾,令蟹入酒内,良久取出。每蟹一只，花椒一颗，干开脐，纳入磁瓶，实捺收贮。更用花椒糁其上了，包瓶纸花，上用韶粉一粒，如小豆大，箬扎泥固，取时不许见灯。或用好酒破开，腊糟拌盐矾亦得。糟用五斤。

酱醋蟹

酱醋蟹：团脐大者，麻皮扎定，于温暖锅内令吐出泛沫了。每斤用盐七钱半，醋半斤，酒半升，香油二两，葱白五握，炒作熟葱油，榆仁酱半两，面酱半两，茴香、椒末、姜丝、橘丝各一钱，与酒、醋同拌匀。将蟹排在净器内，倾入酒、醋浸之，半月可食。底下安皂角一寸许。

法蟹

法蟹：团脐大者十枚，洗净控干，经宿。用盐二两半，麦黄末二两，曲末一两半，仰叠蟹在瓶中，以好酒二升，物料倾入。蟹半月熟，用白芷末二钱，其黄易结。

酱蟹

酱蟹：团脐百枚，洗净控干，逐个脐内满填盐，用线缚定，仰叠入磁器中。法：酱二斤，研浑椒一两，好酒一斗，拌酱椒匀，浇浸令过蟹一指，酒少再添，密封泥固，冬二十日可食。

橙蟹

《山家清供》：橙大者，绝顶去穰，留少液，以解蟹膏，入其内，仍以顶覆之。用酒、醋、盐，水蒸熟，既香而鲜，使人有新酒菊花、香橙螃蟹之兴。

论食水族

晴川子曰：西洋教以水族肉为素食。夫等肉也，水陆何分？闻虎能食人矣，人还有时而食虎。弱之肉，强之食，相陵也，而后相食。龙则无人能陵之，故人罕得食龙肉。至于鱼也、鳖也、螺蚌虾蟹也，其细已甚，人从而陵之，则群从而食之，于呼彼肉与此肉。乱离、荒札之岁，人且相食耳，食人肉与食自己肉何以异？则陆生肉与水族肉又何以异哉？是以“庖厨不迩，五豝是翼，殷后改祝，孔钓不纲[①]，所以明仁道也”。

人与物同

淮海秦氏《劝善录》：生蟹投糟，欲其味入。鲫鱼造脍，欲有经纹。聚炭烧蚌，环火逼羊，开腹取胎，刺喉沥血，作计烹煎，巧意斗钉。食之既饱，则扬扬自得，少不如意，则怒骂庖者。染习成

① 孔钓不纲：《论语·述而》：“子钓而不纲，弋不射宿。”孔夫子用鱼竿钓鱼而不用渔网捕鱼。

俗，见闻久惯，以为饮食合当如此，而不以为怪。不知贪生畏死，人与物同；爱恋亲属，人与物同；当杀戮痛苦，人与物同。深思痛念，良可惊惧。

南北异食

拙庵《杂组》：东南之人食水产，西北之人食陆产。食水产者，鳖蛤螺蚌，以为珍味；食陆产者，狐兔鼠雀，以为美品。如吴人食土蚨、虾蟹、鳅鳝之类，不以为怪，与岭南食蛴螬、蜻蜓及鼠者何异？此以五十步笑百步也。

海味名

枝山[①]《野记》：尝得公牒列海味名，漫笔之，曰鳓鱼、鲄鱼、鲞鱼、黄鲇、鲻鱼、鳇猴、马鲛、鲥鱼、鲚鱼、鲹鱼、鲱鱼、鲃鱼、鲦鱼、鲶鱼、毛鲄、虎头、蛇燕、子冠、子沙、鳗鱼、鳙头鱼、鲥鱼、鲱鲞、鲀头鱼、鲈鱼、海鲫鱼、绍洋箭头鱼、狮子鱼、波鳖、鲑乎沙、锦裙襕、犁头沙、鲽鱼、蛮子鱼、鲷鱼、鲜鱼、红娘子、鲱鲹鱼、草鞋底、鲏鲇子、蝤蛑、蠘蟹、蝗蟹、蟛蜞、鬼面蟹、竹蛏、毛蛏、沙笋、蜎蜡蛤、蛤蜊、土铁、强虾、鹰爪虾、水精虾、螺白虾、红芒虾、蝶肚虾、蛑虾之子、乌贼，即明脯干。蚝

① 枝山：祝允明（1461—1527年），字希哲，号枝山，明代著名书法家。

蜖子、蚪冠子、沙蚌、蛐水母、蜣螟、蜉鱼、鲇鱼、蟋罗、香蛴罗、虾蟛蟹、蝙蛏子、白海鲢、花蛎蜡、淡菜、鳅鬼。

忌食

李石《续博物志》：蟹斗精上有孔，其中有子有泥，食之杀人。

《本草》：蟹极动风。有风疾者不可食。妊妇食之，令子横生。

蟹腹中有骨者不可食。

四时宜忌：自霜降方可食蟹，盖中膏内有脑骨，当去勿食，有毒。

仲冬勿食

《摄生月令》：是月也，勿食螺蚌蟹鳖等物，损人志气，长尸虫。勿食经夏黍米中脯腊，食之成水癖疾。

良方序 沈括

药之单用为易知，复用为难知。世之处方者，以一药为不足，又以众药益之，殊不知药之有相使者，有相反者，有相合而性易者，方书虽有使、佐、畏、恶之性，而古人所未言，人情所不测者，庸可尽哉！如酒之于人，饮之踰石而不乱者，有濡咳则颠[1]眩者；漆之于人，有终日搏漉而无害者，有触之则疮烂者。焉知他药之于人，无似之者，此亶赋之异也。南人食猪鱼以生，北人食猪鱼以病，此风气之异也。水银得硫黄而赤如丹，得矾石而白如雪。人之欲酸者，无过于醋矣，以醋为未足，又益之以枨，二酸相济，宜甚酸而反甘。巴豆善利也，以巴豆之利为未足，而又益之以大黄，则其利反折。蟹与柿，尝食之而无害也，二物相遇，不旋踵而呕。此色为易见，味为易知，呕利为大变，故人人知之。至于相合而之，他藏致他疾者，庸可易知耶！如乳石之忌参术，触者多死。至于五石散，则皆用参术，此古人处方之妙，而世人或未谕也。

方

湿热黄疸，蟹烧存性研末，酒糊丸如桐子大，每服五十丸，白汤下，日服二次。[2]

陈藏器[3]：续断绝筋骨。去壳，同黄捣烂，微炒，纳入疮中，即连也。

唐瑶《经验方》：骨节离脱。生蟹捣烂，以热酒倾之，连饮数碗，其楂[4]涂之，半日内骨内谷谷有声，即好。干蟹烧灰，酒服亦好。

---

① 颠：头，脑袋。

② 此段出自李时珍撰《濒湖集简方》。

③ 陈藏器（687？—757年）：唐代药学家。

④ 楂：同“渣”。

《董柄验方》[1]：中鳝鱼毒，食蟹即解。

《日华子》：产后肚痛血不下者，以酒食之。

蟹螯

寇宗奭：小儿解颅不合。以蟹螯用白及末捣涂，以合为度。

蟹爪

《本草经疏》：蟹爪性迅利，生破胞堕胎。

千金神造汤，治子死腹中，并双胎一死一生，服之，令死者出，生者安，神验方也。用蟹爪一升，甘草二尺，东流水一斗，以苇薪煮至二升，滤出滓，入真阿胶三两令烊，顿服[2]或分二服，若人困不能服者，灌入即活。

下胎。蟹爪散，治妊妇有病欲去胎，用蟹爪二合，桂心、瞿麦各一两，牛膝二两，为末，空心温酒各一钱。

孕妇药忌歌：藿麦藺茹蟹爪甲。

《胡洽方》：治孕妇僵仆，胎上抢心，有蟹爪汤。

---

①《董炳验方》：即《董炳集验方》。董炳，明代医家。

② 顿服：一顿服完，一次性服用。

蟹壳

九月九日收藏蟹壳，治产后儿枕痛。

崩中腹痛，毛蟹壳烧存性，米饮服一钱。蜂虿螫伤，蟹壳烧存性，研末，蜜调涂之。熏辟壁虱，蟹壳烧烟熏之。

蟹汁

盐蟹汁，主治喉痖肿痛，满含细咽即消。

黑须方：用活蟹一只，啄蟹壳，以生漆灌入，取汁染须，久不变色。

《夷坚志》：襄阳一盗，被生漆涂两目，发配不能睹物。有村叟令寻石蟹，捣碎滤汁点之，则漆随汁出，而疮愈也。用之果明如初。

捣汁滴耳聋，又治疟。

蟹毒

康熙甲午[1]科，余杭举人姚坚，字克柔，性嗜蟹。时九月初，在亲族家席上啖蟹十余枚，一时顿觉昏闷，即延医疗治。医已，不知其病所由来，投以人参诸药不能治，及榜发，报者至家，则克柔死矣。世说蟹未被霜甚有毒，云食水莨所致，人中之，不疗多死。今九月霜后，输芒正可食时，胡致毒死。或云克柔吃蟹，又吃方顶柿，

① 康熙甲午：康熙五十三年，1714年。

故尔。按《本草》蟹不可同柿及荆芥食，发霍乱，动风，木香汁可解。又，解蟹毒，不独大黄、紫苏、冬瓜汁，凡蒜汁、豉汁、芦根汁、黑豆汁、生藕汁皆可解之。乃医者不读方书，动以人参误人，真属可恨！此事余闻之余杭吴君世衡。

蟹性

李时珍曰：诸蟹性皆冷，亦无甚毒，为蝑最良。鲜蟹和以姜、醋，侑以醇酒，咀黄持蟹，略赏风味，何毒之有？饕嗜者乃顿食十许枚，兼以荤膻杂进，饮食自倍，肠胃乃伤，腹痛吐利，亦所必致，而归咎于蟹，蟹亦何咎哉？

《经疏》云：蟹外骨内肉，阴包阳也，入足阳明、足厥阴经。《经》[1]曰：热淫于内，治以咸寒，故主胸中邪气热结痛也。㖞僻者，厥阴风热也；面肿者，阳明热壅也。解二经之热，则筋得养而气自益，㖞僻面肿俱除矣。咸走血而软坚，故能解结散血。

简误云：蟹性冷，能散血热为病，故跌扑损伤、血热淤滞者宜之。若血因寒凝结，与夫脾胃寒滑、腹痛、喜热恶寒之人，咸不宜食。

蝤蛑

解热毒，治小儿痞气。煮食。

---

①《经》：指《黄帝内经》。

蠘蟹

《本草蒙筌》：壳阔多黄，两螯最锐，行大人风气亦宜。

蟛蜞

食多吐利，损人。取膏涂湿癣、疽疮。石蟹捣，敷久疽疮，无不瘥者。

蟛蜎

膏涂湿癣，杀毒，不宜食之。

拥剑

大蟹待斗常伸，小螯供食每缩，亦有毒，不宜食。

卷四 拾遗

时媚鬼

治时媚鬼者，须善识十二时三十六时兽。如子有三，猫、鼠、伏翼[1]；丑有三，牛、蟹、鳖。知时唤名，媚即去也。《摩诃止观》。

无长叟传

无长叟，其先占籍解梁[2]，以郡为氏，有名，丹书改其姓。虒氏因亡泽国，子孙散处污耶之乡。或曰有余以不足，名长以短，而形子风韵丰美，无所短，何长之？足言，故以无长目之叟始生也。母卜之，得坤之。剥卜者曰："是盖坌[3]于地，而刚外黄中，而剥肤捐躯以徇人，其墨者之徒[4]欤？为人郭索，磐珊健武好勇，介而戈，若可畏，然人得近之，无患也。性喜霜而恶雾，不随俗为生，常假穴以居，如上古时越子方怀报吴。徉下之日进种、蠡问计策，意殊不酬叟，因饔人进见，王薪卧胆茹，累然也。因问王曰："王富贵玉食，无欲矣。而臞瘁乃尔，非以吴怨未报耶？今所咨非蠡则种二子，外无得也。岂舍是绝无可使者，二子身则越而遥计吴，能使越治，而不能

① 伏翼：即蝙蝠。

② 解梁：春秋时期晋国古城，今山西永济市开张镇古城村。

③ 坌（bèn）：聚。

④ 墨者之徒：墨家主张兼爱，损己利人。

使吴不疆。臣之族大半居吴，愿为内间，潜耗其国，待其民贫食艰，王起而乘之，庶有功。”王曰：“善！既吴稻告成，叟之族一昔戕之剪焉，无存者。”吴人以为病。越子乘之，吴大败，后果灭吴，叟之力居多。越子既并吴，甚重叟，叟亦不以功自多，国中自王而下，小夫庶贱，凡生齿之类，咸供其求有味，其风度而餍饫其道，交口称之曰：“自叟之来，吾食必饱，饮必醉。叟固无不可。”萧然倾坐，正复藉糟含饴时，尔尤得幸于主，虽尚食或觞赐群臣，若内与后妃燕未始不侍左右，近倖尚医之徒劝王疏之，未能也。思有以倾其爱，乃进。东海薄氏、虞句章江氏、瑶石氏首，王接之，果大爱幸。叟为性躁扰，不能无望，一日揖三子曰：“当越尚弱，吴主盟中夏，举宗为死间衡行莫御，使吴民无秋，而越终以伯，在子乎？在我乎？”三子曰：“唯子不观天道乎？四时迭更，功成者退，掉臂赴市者匪莫而朝，是不留盻也。何也？盛必有衰，显必有晦。使子策勋之后，悠然长往，随波江湖蹈沧海，而深潜五鼎厚味，不足以浼子身名俱全。不其贤哉？且夫三牺五牲，牵以适庙，被以绮绣，荐以雕俎，孰若徜徉于旷莽之野？今子贪附一寸之明，而不思砧机之可畏；怙虎怒之气，而忘鸟喙之不可保也。亦愚矣！种留而诛，蠡去而寿，近事之验也。子其何择？”叟于是口呿沫涌，不复措辞，然终不能去而死。今其子孙必以秋冬为出处之候。

三子惎[1]之，亦惩其祖之失，云：赞曰：吴起[2]自伐其功，屈于田文[3]；蔡泽[4]闭应侯[5]之口，而代之相位。盖长于此者，或短于彼，瞢[6]进退、盛衰之机者，晓之以理，未有不幡然悔也。叟之于三子始焉，愤如俄焉，昭如抑亦物情然尔。闻之长老有乞郡江淮间者，首问监郡无有，又闻叟之所居也。欣然戒涂其籍，甚众口如此，而竟不得保其天年。昔人甘五鼎烹，岂叟之谓欤。宋[7]陈造[8]。

石蛆臘

《诸山记》载：行酒命食，或云菴，音软。即水苔也；或云缃豨，即荇也；或云石蛆臘，即小蟹也；或云沙江鲊，即虾也；或云何祇脯，即干鱼也。诸名亦异录之。《诸山记》载曾慥《类说》[9]中，不著作者姓名。

---

① 惎（jì）：憎恶。

② 吴起（前440—前381年）：战国初期军事家，一生历仕鲁、魏、楚三国。在魏时，对田文登上相位一事不服，后诚服。

③ 田文（？—前387年）：战国时期魏国国相。

④ 蔡泽：战国燕国人，说服范雎功成而退。被范雎推荐任秦昭襄王相。

⑤ 应侯：指范雎（？—前255年），秦国宰相。

⑥ 瞢（méng）：目不明，看不清，判断不准。

⑦ 宋：原作“朱”。

⑧ 陈造（1133—1203年）：南宋诗人。所撰《江湖长翁集》卷二十九有《无长叟传》。

⑨《类说》：南宋曾慥编笔记小说总集。

方棺蟹

遂见往宁郡拾一小蟹归，背方狭，隆然如棺形，土人名曰方棺蟹，一螯偏大，类拥剑，即止观。辅行[①]云："举螯等者，蟹类也。"

中郎思溪女留

袁中郎[②]诗云：箸闌[③]思蟹足。陆游《新秋诗》：溪女留新蟹，园公饷晚瓜。

糟蟹馓子

《轩渠录》[④]载：有人以糟蟹、馓子同荐，酒者或笑曰："是则家中没物事然。此二味作一处，怎生吃？"众以为笑。近传澉浦富家杨氏尝宴客，作蟛蜞馄饨，真可作对也。又，"余侍先子观潮，见道人负一簏枯蟹，多至百余种，如惠文冠、如皮弁、如箕、如瓢、如虎、如龟、如蚁、如猬，或赤、或黑、或绀，或斑如玳瑁，或粲如茜锦，其上有金银丝者，皆平日目所未睹。"《癸辛杂识》。

---

① 辅行：辅助正使行事。即今助理。

② 袁中郎：即袁宏道（1568—1610年），字中郎，明代文学家。

③ 闌：同"阑"，栏。

④《轩渠录》：宋代吕本中（1084—1145年）撰笑话集。

糖蟹皆糟

《梦溪笔谈》云：南人嗜咸，北人嗜甘，鱼蟹加糖蜜，盖便于北俗也。又《老学庵笔记》：唐以前书传，凡言及糖者，皆糟耳，如糖蟹、糖姜皆是。

入虎

《画墁录》[①]：《本草》著：八月后，蟹与虎斗，而虎败，骨入虎，以此而死。非力不赡，知有所穷也。

医鹿

《主制群征》[②]：鹿被射，旋觅药草，以出其箭，中毒则食蟹以解之，是蟹能医鹿也。晴川子曰："拙哉！蟹能医人，不能以自医。"

临鍑

皮日休《吴中苦雨》：蜣蝓将入甑，蟛蜞已临鍑[③]。

---

①《画墁录》：北宋张舜民撰笔记。

②《主制群征》：德国传教士汤若望（1592—1666年）在1629年绛州初刊的天主教护教著作。

③ 鍑：同"釜"，锅。

穿壁

沈石田[1]《渔村》：鸥趂[2]撑舟尾，蟹行穿壁根。

黄如蟹腹

《黄帝内经》：五藏之气……黄如蟹腹者生。

身似大蟹

董红鱼，色黄头尖，身似大蟹，口在颔下，眼有两窍，通于脑，尾长一尺三，刺甚毒。

忌橘

《日用本草》：橘实同螃蟹食，令人患软痈。洪造[3]《脆橙》诗：谓橘不盈握，胜橙颛进皮，香奩难共捣，遮莫蟹螯持。

醉糟

洪适《以糟蟹送曾守》：太湖九月霜波寒，郭

① 沈石田：沈周（1427—1509年），号石田，明代画家。
② 趂（chèn）：同“趁”。
③ 洪造：即洪适（1117—1184年），初名造，南宋金石学家、诗人、词人。

索不幸逄[1]渔蛮。谁令骨醉糟丘里，使我涎流书卷间。黄堂丈人思幼玉，耳边不复亲丝竹。一杯聊使破愁颜，要遣诗情踵山谷。山谷诗“相忆尊前把蟹螯”。

擘蟹

方岳诗：秋来何但食无鱼，老去宁须腹有书。空洞略容君几辈，草泥郭索一从渠。

持蟹

徐渭诗：正当菊酾堪持蟹，无奈鱼肠去割鸡。

蟹灾

某，淮人也。淮乡之民情利害，知之甚熟。十余年来，若水、若旱、若鼠与蟹之为灾，率无丰岁。陈唐乡《论救荒书》。

蟹厄

大德丁未[2]，吴中蟹厄如蝗，平田皆满，稻谷荡尽，吴谚“虾荒蟹乱”，正谓此也。蟹之害稻，自古为然，以五行占之，乃为兵象，是亦披坚执锐介甲之属。明年，海贼肖九六大肆剽掠，杀人

① 逄：同“逢”。

② 大德丁未：元成宗大德十一年，1307年。

流血。《平江记事》。

蟹乡

或问"蟹舍"二字所出。按：《说郛》有《蟹略》四卷，中《蟹乡》一则云：蟹泽，蟹洲，蟹浪，蟹穴，蟹堁，蟹窟，蟹舍。《北征日纪》。张炎《白云词》：蟹舍灯深。沈石田《水邨图》：鱼庄蟹舍。又：鱼羹与蟹盘，宋洪适诗："霜风激水蟹舍寒"，"长濑黄昏张蟹簖"。秀水朱昆田《和纬萧草堂诗》："桥东桥西蟹火，舍南舍北渔矶。豆叶黄听虫语，蓑衣绿见人归。"

北渚蟹

李东阳诗：露熟南州酿，霜甘北渚螯。

御制诗序

景龙三年[①]九月[②]九日，中宗临渭亭，御制诗·序：陶潜盈把，既浮九酝之欢；毕卓持螯，须尽一生之兴。《文馆记》。

① 景龙三年：即709年。景龙为唐中宗李显年号。

② 九月：原文无，据后文唐中宗李显《九月九日幸临渭亭登高得秋字》。

为晋公谢赐蟹状 苑咸

右。中使焦庭望，奉宣恩旨，赐臣生蟹一盘，便令造食。臣自叨陪侍从，累沐殊荣，朝天赐浴于御汤，退食每霑于仙馔，赏随恩积，庆逐时新，臣之何功，偏承厚锡？游泳渥泽，但惧逾涯，徘徊宠私，无阶答效，无任望外荷戴之极。

右。内官赵承晖至，奉宣圣旨，赐臣车螯、蛤蜊等一盘，仍令便造。赵承忠至，又赐生蟹一盘。高如琼至，又赐白鱼两个。伏以衡门之下，频降王人；箪食之中，累承天馔。适口之异，无时不霑；骇目之珍，每日幸遇。顾循涯分，何以克当？徘徊宠私，罔知攸答。

与孟少傅 孙觌

久苦疮痏，百药尽试，如抱薪汤沸，非徒亡益也。衰病恶寒，不敢附火，老饕嗜虾、蟹，不敢下箸，对酒不敢濡唇，危坐块然，殆不知有身世病起，出省书砚，凝尘满席，正如房次律遇故物于破瓮中也。

与秀守方学士

蝤蛑珍烹，出于暑中，未尝至晋陵境内，远蒙分饷，小舟晨夜兼驰，二十枚皆无恙，拜贶[1]。

① 贶（kuàng）：赠，赐。

荷顾存之厚东坡诗云："一诗换得两团尖。"公所饷十倍，而无一语之酬，又以为怍[①]也。

与朱宰守道　仝上

某病余食禁，已放行，而领蝤蛑、糖蟹、鲊临之，贶拜。喜欣荷舟还，辄以酒酢十蚪[②]，将区区酒调停，未尽善，不敢多致，气候稍寒，别遣。

书法蟹方后　陈造

放麑[③]念号鸣，易牛怜觳觫[④]。仁心谁独无，天机或待触。悠悠寄宇宙，往往狥[⑤]口腹。君子一饱适，庖事不到目。宁知刀俎间，宛转无声哭。空萑与土穴，暴殄无遗育。况此佳风味，世肯贷尔族。炳炬擒爬沙，免介荐膏馥。向来横戈怒，不救摇牙酷。酱浴酒拍浮，方法忍抄录。躁扰至绝命，耳闻痛在肉。淡茹吾能事，晚食媚山蔌。

次韵程安抚蟹二首

横前雨峰踞草泥，恃勇宁复防吴儿。倏随主

① 怍（zuò）：惭愧。
② 蚪：同"斗"。
③ 麑（ní）：幼鹿。
④ 觳觫（hú sù）：因害怕而颤抖。
⑤ 狥：同"徇"。

父死五鼎，岂止郭最遭寝皮？凡物有用皆贾[①]祸，汝祸已酷孰使之。平生一窟不自办，敢羡鲸鳄游天池。含饴茹酒瞢怀壁，仅得士女称珍奇。不摇喉牙诧隽永，远封罂缶争矜持。爬沙躁扰良可念，请续杜老观鱼诗。

物生不学螭蟠泥，祸及乃诿造化儿。良材厚味庸自保，熊罴以掌豹以皮。雄戟介甲亦壮矣，乘流未可听所之。托身要是鲲鹏宅，不然借穴习家池。主人仁心及虫蚁，一肉三韭不好奇。每讥骚客寒蒲缚，更笑狂士左手持。忍馋爱物良未失，可愧于牣[②]形声诗。

次韵程师 程分惠糟蟹，破戒食之，因诗来逐作

嗜欲割去土与泥，调虞气血等稚儿。拘拘谫谫世所怪，未免鹤发仍鸡皮。甘脆为目不为腹，蚕茧自缚良苦之。两螯公子大于扇，九室春色堪为池。九室春，房州酒名。开缄况读万选句，快意领此一段奇。自怜忍欲忍艾似，涎流津饐不自持。明知喘疾有时愈，更寄斫雪加餐诗。

分糟蟹送沈守再次韵 仝上

笑呼赤脚拆印泥，妇姑欢喜舞两儿。沅江似

① 贾：买之意。

② 牣（rèn）：满之意。

识九肋鳖，伏雌只惯五羖皮。海螯不落江蜛[1]下，郭索公子是似之。但闻淮浙诧此味，岂意分派来江池。今年二州，大蟹不乏。门户独亨良多愧，古以饔飧联穷奇。史君据案带减围，一杯解颜情分持。未用秉烛唤窃窕，促轸且弦诗老诗。

景孙以妇病，稽赏柑尝蟹之约，景卢以诗诘之 洪适

郑庄好客底虚声，药裹关心兴未清。应恐被围因鲁酒，也防完璧弃秦城。谓德兴二客。双螯弗讲连宵会，千橘谁教满路荣。见说高堂新断手，何如自索玉杯行。

破子

渔父饮时花作茵，羹鱼煮蟹无他品。世代太平除酒禁，渔父饮，绿蓑藉地胜如锦。

郑宪席上再赋满江红 仝上

累月愁霖，知今夕[2]，是何天色。秋老矣，芙蓉遮道，黄花留客。长有霜螯来左右，谁言枥马能煎迫。眄[3]高穹，重叠起顽云，星难摘。

① 蜛：同“瑶”字。

② 夕：原作“席”，据通行本改。

③ 眄（miǎn）：斜着眼睛看。

桂枝香 朱彝尊

新霜晚渡，见燃苇鸿天，落潮鱼步。尽掩青筐缚急，腥涎齐吐。津门水市无人问，听轧轧，小车鸣路。携来九陌，不知还有，酒徒闲否？

又何况，乡园秋暮。任空江筑舍，断沙名浦。酥片金穰那管，玉纤黏住。橙阴菊外登高宴，捉鲖阳，瓮边俦侣。年年长擘，烛斜画舫，水凉朱户。毕卓[1]，鲖阳人。

又

纬萧截水，见半漾湖波，半撑湖觜[2]。此际菱歌渐少，满塍香穗。渔师菰饭新炊后，任欹斜，橛头船檥。爬沙响处，连江露白，一灯红细。

便八跪，双螯都利。被寒蒲束缚，仄行无计，试放闲塘蓼岸，描成秋意。须愁解甲随潮去，添瘦苇，一枝扶起。履霜听遍，声声宛似，玉琴丝裹。

前题 沈皞日

菱塘风老，正乱苇萧萧，采莲[3]船少。露白星疏，草舍烟青灯小。溪边月黑初肥候，湿筠笼，一天霜晓。寒蒲缚就，渔童未去，酒人先到。

---

① 毕卓（322—？年）：东晋官员。官为吏部郎，常因饮酒误事。以至在夜间去邻家瓮间盗饮新酿，为掌酒者所缚，翌日视乃毕吏部也，遂为千古笑柄。

② 觜：同“嘴”。

③ 莲：原作“香”，据通行本改。

看秫酿，新篘[①]熟早。向松火山厨，蜀姜亲捣，狼籍杯盘，那计悲秋怀抱。天津赵北东西路，也盈车，软尘吹道。沉吟乡味汾湖，一曲不如归好。

前题 陈惟崧

蒌蒿浅渚，有郭索爬沙，搅乱村杵。溪断霜红，织满夕阳鸦度。渔人拂晓提筐唤，小门边，陡惊羁旅。羹材谁算，子鱼通印，河豘[②]雪乳。

记昨岁，秋窗鸣雨。见小插黄花，湿蝉拖处，笑说螯肥，双陆桂堂曾赌。玉纤帘底须亲擘，况西风，酿寒如许。沉吟此事，何时还又，暗听街鼓。

海蜎 朱彝尊

绿蒲包海蜎，《闽小记》：蜎，一名蝤蛑。味胜蟹胥滑。皮日休诗："啬止甘蟹鱼[③]胥。"一笑过江人，呕心为蜞蚏。《霏雪录》："蜎与石巨，皆海错之佳者。"

拥剑

陈子龙《吴问》：文瑶触网以空度，拥剑护螯

---

① 新篘（chōu）：新酒。

② 豘：通"豚"。

③ 鱼：原文无，据通行本添。

以备趋。顾开雍《武皇南巡赋》：亦有拥剑，其利在腹。

蛑螯

徐渭诗：左盘持蛑螯，右罍把饕餮。

蟹螯

陈继儒诗：一官滋味同鸡肋，半世功名付蟹螯。

酡蟹

《事物绀珠·饮食类》：有酡蟹、音铊，同盐、酒、酱、醋、椒制。炙蟹、酒煮蟹、蟹脍、剔肉同蜉鲊，作酒浴。糟丘、郭索等名。

沙蟹

谭元春诗：沙蟹添杯事，林禽习钵声。

躁心

洪适《谢景高兄惠鱼蟹》诗：浔阳从事姿南金，高山调古谁知音。宁同娵隅作蛮语，生憎郭索多躁心。昔人言钓蟹抡元[①]，今富贵家载币辇金，百方千进，幸焉！诡遇无兴，娵隅蛮语，吾直谓螃蟹躁心耳！而荆南雄曲高音鲜和，河西名骥灭没谁赏，可为长叹息者也！夫士无六跪二螯，决荣辱于渔童三五，大好则大笑之，小好则小笑之，曷足怪哉！

仁术

程子指鸡雏谓可以观仁，盖仁者触目皆仁。偶见鸡雏猝，启不忍之心，即孟子所谓仁术也。余辑后录载《食宪》一卷，张东亭问曰："陶隐居著《本草》，致伤物命，子母亦口腹故？"乖不忍耶！

蟹黄

山谷诗："蟹擘鹅子黄"，又"蟹黄熊有白"。

雨雹虾蟹

广明庚子岁[②]，余在汝坟温泉之别业[③]。夏四月朔旦，云物暴起于西北隅，瞬息间浓云四塞，大风坏屋拔木，雨且雹，雹有如拯捲者。鸟兽尽

① 抡元：科举考试中选第一名。

② 广明庚子岁：唐僖宗广明元年，880年。

③ 别业：又称"别墅"，田庄。

殪，被于山泽中。至午方霁。行潦之内，虾蟹甚众。明日余抵洛城，自长夏门之北夹道古槐十拔去五六，门之鸱吻亦失矣！余以为非吉徵也。至八月，汝州召募军李迍光等一千五百人，自雁门回掠东郡南市，焚长夏门而去，入蜀。自兹诸夏骚荡，上天垂戒，岂虚也哉！《三水小牍》[①]。

辟热蝑蟹

南至火洲之南，炎昆山之上，其土人食蝑蟹、髯蛇以辟热。张说《梁四公记》。

鳖蟹

狄遵度《凿二江赋》：蛟鼍鳖蟹，讶以相濡兮，何允蠢而缘延。又周光镐《黄河赋》：八足之蜿，三足之能，潜者逗泥而泛沫，出者缘厓而曝晖。

老筐

《佛典》引《韩诗外传》有：孔子曰："老筐为雀，老蒲为苇"二语。今本无之。按：老筐，蟹也，有时化雀。

①《三水小牍》：唐末皇甫枚撰传奇小说集。

白蟹

嘉定州[1]凌云寺出白蟹，亦出祝融峰泉中。

李白把螯

李白诗：摇扇对酒楼，持袂把蟹螯。

陈亚螃蟹

《倦游杂录》：陈少常亚以滑稽著。知岭南恩州[2]，到任作书与亲友曰："使君之五马双旌，名目而已。螃蟹之一文两个，真实不虚。"

① 嘉定州：今上海嘉定。

② 恩州：今广东恩平。

晴川续蟹录

錄

河渚孫之騄晴川輯

占家五　曰四月十六日夜月上有黑雲主有蟹

五行紀歷云夏至前蟹上岸夏至後水到岸

太乙經是四月時蟹神主儅其月

珠客語五行篇注曰蟹衆出主大風又云蟹四甲

主戰急

及人經曰狼丈蘚嘔蘚音蟹

靈臺經曰若身命如得魚羊蝎蟹即多兄弟又云金

蟹磨有穢行

《晴川续蟹录》书影1

太玄女青拔罪妙經云為有罪魂合為飛走萬類亦
尚隨罪輕重分配生方或為蝦蟆蚤虱或為鰌鱣水
母或作蝎蟹蜘蛛或乾居濕居或巢居穴居如是種
種隨業改形隨福受報

孔緯含文嘉曰龜鱉蝦蟹諸水族禽蟲忽見朝廷都
中城邑宮室人家及軍營中背主兵起大凶

波離齊多經蚓弱質而飲泉蟹壯容而寄穴騂鑣息
矢驚集先之

鄭康成注中孚云四辰在丑丑為鼈蟹鼈蟹魚之微
者陰陽式法曰丑魚鱉蝌

《晴川续蟹录》书影2

《田家五行》[1]曰：四月十六日夜，月上有黑云，主有蟹。

《五行纪历》云：夏至前，蟹上岸；夏至后，水到岸。

《太乙经》：是四月时，蟹神主当其月。

《玄珠密语》：《五行》篇注曰：蟹众出，主大风。又云：蟹四甲者，主战急。

《度人经》[2]曰：狼丈蕭岖。蕭，音蟹。

《灵台经》[3]曰：若身命如得鱼、羊、蝎、蟹，即多兄弟。又云：金在蟹、磨，有秽行。

《太玄女青拔罪妙经》[4]云：为有罪魂合为飞走万类，亦当随罪轻重，分配生方。或为虾、螟、蚤、虱，或为鳝、鳣、水母，或作蝎、蟹、蜘蛛，或干居、湿居，或巢居、穴居，如是种种，随业改形，随福受报。

《礼纬含文嘉》[5]曰：龟、鳖、虾、蟹诸水族，禽、虫，忽见朝廷、都市、城邑、宫室人家，及军营中，皆主兵迟，大凶。

《波罗密多经》[6]：蚓弱质而饮泉，蟹壮容而寄穴，骅镳[7]怠矣，驽驾先之。

---

①《田家五行》：元末明初娄元礼撰农书。

②《度人经》：全称《太上洞玄灵宝无量度人上品妙经》，道教作品。

③《灵台经》：道教作品。

④《太玄女青拔罪妙经》：全称《太上太玄女青三元品诫拔罪妙经》，东晋时期道教作品。撰人不详，后经善信弟子王涛加以整理。

⑤《礼纬含文嘉》：南宋初占候兵家之说。

⑥《波罗密多经》：佛经，即《大般若波罗蜜多经》。

⑦ 骅镳：骏马。

郑康成[1]注《中孚》[2]云：四辰在丑，丑为鳖、蟹。鳖、蟹，鱼之微者。阴阳式法曰，丑鱼鳖蟹。

《纂文》[3]曰：取蟹者曰竹篧。《初学记》[4]：篧，取蟹也。

东坡云[5]：墨入漆最善，然以少蟹黄败之乃可。不尔，即坚顽不可用也。

《蝉史》：芦边蟹，又名芦匾，生水中，形类蝤蛑而极小，比蟹似蟹，四足大，毒不可食。

《六书故》[6]：青蜎，敖侣蟹，壳青，海滨谓之蝤蝥。

蛥角似车螯，角蛥不正，故名。见《临海异物志》。

晴川曰：宁之镇海出交蟹，马其类，纯雌无雄。

褚稼轩《续蟹谱》：苏州嘉定县近海产虱蟹，大如豆，味甚佳。

蝤蝥芦魴，巨蟹也。见《骈雅》[7]。

海多人言曰：螃蟹最恓惶。见《玉照新志》[8]。

《庄子音义》：凡解字俱音蟹，盖取解散之义。郭子玄注《天地篇》：所谓"悬解"，陆德明

---

① 郑康成：郑玄（127—200年），字康成，撰有《周易注》，经后人辑佚而部分保存下来。

②《中孚》：《易经》卦名。

③《纂文》：南朝宋何承天（370—447年）撰训诂书。

④《初学记》：唐代徐坚（660—729年）撰类书。

⑤ 东坡云：见苏轼撰《仇池笔记》。

⑥《六书故》：南宋戴侗（1200—1285年）撰字书。

⑦《骈雅》：明朱谋㙔（1564—1624年）撰双音词训诂书。

⑧《玉照新志》：南宋王清明（1127？—1203？年）撰笔记小说。

音为“玄蟹”也。

徐文长[1]《水墨蟹》云：钳芦何处去，输与海中神。

徐渭《水墨蟹》

《真腊风土记》：查南之虾重一斤以上。独不见蟹，想亦有之，而人不食耳。

《郁离子》：海岛之夷人好腥[2]。得虾、蟹、螺、蛤，皆生食之，以食客，不食则咻[3]焉。

---

① 徐文长（1521—1593）：即徐渭，字文长。明代中期文学家、书画家、戏曲家、军事家。

② 腥：原作“醒”，据原作改。

③ 咻（xiū）：喘气声，形容发怒。

《东坡志林》云：当为我置酒、蟹、山药、桃李，是时当复从公饮也。

《名山记》：蛤湖中多蟹蛤，在建昌府[1]城西南三十里，有石磴百丈，瀑淙飞下入湖。

《明越风物志》：蝤蛑，并螯十足，在海边地泥穴中，潮退探取之，四时常有。蝤蛑重者踰数斤，其小而黄者，谓之石蝤蛑，肉硬。

《五溪记叙》：州民多射生而鼻饮，啖蛇鼠、捕虾蟹，朝营夕用，故无宿给。

张敏《头责子羽文》曰：嗟乎子羽！何异……石间饿蟹。

《三洞群仙录》：高阆得养生术，饮酒至数斗不乱。申郎中为江东漕，每按部必拉之同行。尝舣舟贵池亭，有九华李山人者与高友旧，因谒。申延使饮，各尽二斗余，殊无醉态。高取钓竿曰："各钓一鱼，以资语笑。然不得取蟹。"乃钓饵投坐前甓罅中。俄顷，李引一蟹出，高笑曰："始钓鱼，今得蟹，可罚也。"

岳珂《桯史》载：虞雍[2]御亮[3]曰："'鳖渡'本谚语，以为蟹，其义则同。"

《麟经》：蝤蛑斗虎，蜘蛛执豸。

西矶山名蟹钳头，信洋又蟹钳海洋。见《海防纂要》。《神僧传》：鉴真往日本，风漂至蛇海、鱼海、鸟海，则蟹钳洋，洵不诬也。

---

① 建昌府：今江西南城。

② 虞雍：虞允文（1110—1174年），封爵雍国公，世称"虞雍公"。

③ 亮：金朝第四位皇帝完颜亮（1122—1161年）。

《千金翼方》曰：蟹，味咸，寒，有毒，主胸中邪气，热结痛，㖞僻面肿，败漆，烧之致鼠。解结散血，愈漆疮，养筋益气。爪，主破胞、坠胎。生伊洛池泽诸水中，取无时。

《急就篇》：鲤、鲋、蟹、鳝、鲐、鲍、虾。

《宋史》：沈遘以斋郎举进士，知杭州，能以术刺闾巷中，当禁捕西湖鱼蟹。有故人居湖上，蟹夜入其庐，会客至，共烹食之。旦诣府，遘谓曰：昨夜食蟹美乎？客笑而谢。嘉祐遗诏至遘，次外舍不御酒肉者二十七日。

《骈字冯霄》[①]云：京洛白蟹极佳，烹治罕有得法者。周朝家仆杨承禄尧脱骨蟹，独为魁冠。禁中时，亦宣承禄进之，文其名曰“软雪龙”。

田艺蘅《西湖》诗云：紫螯佐酒尖脐蟹，红绘飞刀巨口鲈。《食蟹》诗云：左手持螯右酒卮，江南风味稻黄时。已教高筑糟丘待，更乞张繇作画师。又杂记民谣曰：一丈雪，三丈水，雪皑皑，水漭漭。虾蟹跳梁老虎死，乌鸦吃饱谢白鼠。时嘉靖四十年辛酉[②]也，五月五日辰星入月，北斗第四星无光，主水吴分。

《画继》载：李后主《蟹图》。

《全蜀艺文志》云：连州郡得册叶一本，皆书画名笔，盖正德[③]间物也，上有豫章李士实及范香溪题蟹诗。士实题云：“潮落滩高天色寒，悄

①《骈字冯霄》：明代徐应秋创作的类书。

② 嘉靖四十年辛酉：即1561年，嘉靖为明世宗朱厚熜年号。

③ 正德：明武宗朱厚照年号，即1506—1521年。

无人语到江干。钬钬兵甲鸣相应，万里横行信不难。”观此，则士实佐濠为逆之本态露矣。香溪题云：“横行蠹稻雄，称斗虎贪惏。无厌化作田鼠，吾将斫尔螯，折尔股，以除农殃兮酣我醑。”此语似逆，知其无君而诛之也。愚按：潮落天寒，言时之戚也。悄无人语，言谋之静治也。兵甲横行，言强不可御也。然取象于蟹，何由万里乎？卒之支解族灭，信如香溪斫螯折股之说，可嘅[1]哉！

《仁孝皇后劝善书》：宋平阳邑净明院有阇梨，有元者爱惜物命，尝作劝放生文，镂于板。邑人为之，灭杀一夕。元忽梦与百余人俱立庭下，皆云：“当就极刑。”元甚恐，念平生无恶，何至是觉？犹不乐，因出户，外见有挈篮鬻小蟹者，因买放之，其数果百余，元乃悟，后竟坐化。

《宋书·周朗传》：今人知不以羊追狼，蟹捕鼠，而令重车弱卒与肥马悍胡相逐，其不能济，固宜矣。

《闲窗括异志》：有张湘，以乙卯魁亚荐。揭晓两夕前[2]，梦人持巨蟹扑卖，湘一扑五钱皆黑，一钱旋转不已，竟作一字。人曰几乎浑纯。及榜发，乃小荐第一。

《西湖志余》云：绍兴二年[3]，两浙进士类试于临安。湖州谈谊，与乡友七人，谒上天竺观音祈

① 嘅：同“慨”。

② 前：原本无，据《闲窗括异志》通行本添改。

③ 绍兴二年：1132年，绍兴为宋高宗赵构年号。

梦。谊梦人以二楪贮六茄为馈，恶之。盖杭人以茄为落苏，而应诏者以落苏为下第也。惟徐扬梦食巨蟹，甚美。迨旦，同舍聚坐，一客语及海物黄甲者，扬问其状，曰：视蝤蛑差小，而比螃蟹为大。扬窃喜，乃以梦告人，以为必中黄甲之兆。洎榜出，六人皆不利，扬独登科。

夏桂洲《大江东去词·答李蒲汀惠蟹》云：水落蒹葭，白露冷，长养横行之物。夜雨疏灯，照蜗涎，晓起枯黏满壁。物色堪嗟，人情可慨，愁鬓添新雪。飘然霞外，神仙真是豪杰。

故园酒热鸡肥，相对青山，有约黄花发。但得天恩容拂袖，眼底风波自灭。宠辱闻惊，是非妄恼，胸次无毫发。寸心皎皎，争光天上秋月。此词壬寅六月十二日作时，公待罪闭门。有忧谗怀隐之悰。

《谢李蒲汀惠蟹》词云：夜雨秋尊，新烹蟹，又见一年风物。秉烛西堂聊自酌，时听蛩[①]吟四壁。满壳膏肥，双钳肉嫩，味胜经霜雪。遍尝海错，还输此种为杰。

芳鲜充溢雕盘，真堪咀嚼，清兴攸然发。却笑持螯人去后，风韵到今难灭。更待黄橙，也须紫菊，取醉娱华发。中秋在望，小楼酌共看月。

《浣溪沙·答序奄惠蟹》云：瀛海波涵秋气清，白沙如雪夜盈盈。月明紫蟹阵横行。

春瓮酒初浮绿蚁，小园景已到香橙。百枚遣赠谢高情。

---

① 蛩（qióng）：蝗虫。

《严州府志》：樊家山下，有蟹黄泉。

胡柳堂诗：新洋江上蟹争肥。柳堂，字休复，万历时人。

李泰伯《长江赋》云：龙螭蛇鼋，固执杀生之权；虾蟹琐琐，犹或贾勇而争先。

蔡君谟《葛氏草堂记》云：蟹鱼果蔬，俯仰掇拾，登临据倚，醉欢笑歌。

刘基序《章秀才观海集》云：今夫海之为物，浮天地，纳日月，汗漫八极，人见其大也，曷致哉！鲸龙虾蟹，无不有也；江河沟渎，无不收也。

《魏书·地形志》：陈留有蟹谷陂。

唐彦谦诗曰：湖田十月青霜坠，晚稻初香蟹如虎。扳罾拖网取赛多，篠簝挑将水边货。纵横连爪一尺长，秀凝铁色含湖光。蟛蜞石蟹已曾食，使我一见惊非常。买之最厌黄髯老，偿价十钱尚嫌少。漫夸丰味过蝤蛑，尖脐犹胜团脐好。充盘煮熟堆琳琅，橙膏酱渫调堪当。一斗擘开红玉满，双螯啰出琼酥香。岸头沽得泥封酒，细嚼频斟弗停手。西风张翰苦思鲈，如斯丰味能知否？物之可爱尤可憎，尝闻取刺于青蝇。无肠公子固称美，弗使当道禁横行。彦谦，字茂业，并州[①]人。

《坡仙集》：兰陵胡世将家收东坡所画蟹，琐屑毛介，屈曲茫缕，无不备具。先生平日胸次宏放，无所不可，不独寒林墨竹，已入神品也。

① 并州：今山西太原。

《耳新集》：郑超宗元勋于友人方无违家见金陵濮仲谦，以竹制一蟹一蝉，情态毕肖，置之几上，蠕蠕欲动。

蟹山有二：一在湘乡县西一百二十里山顶，有泉名蟹泉；一在湘潭县治南，其形似蟹。见《一统志》。

巨蟹泉，在江津县北石佛寺山下，邑人祷旱于此，取水得黑蟹辄雨，黄蟹不雨。

老翁井，在藆颐山，一名老翁洞。洞中有泉，常有白蟹出见，又名四目老翁真府。

瑞昌县治内世传郭璞相，地形似蟹，因名蟹口，其左右有二井，名曰蟹眼。仝上。

《登州县志》：嵩山白龟泉有石蟹。客问道士杨洞曰："蟹旁行，天性乎？"洞微以手指之，即直行。

四川嘉州八仙洞旁有"金蟹池"三字，苏东坡书。《蜀艺文志》：凌云寺金蟹池，泉穴出蟹，大如金钱。有士人读书其侧，夜半汲水，见一蟹如盂，大急，取而置之器中压之。明旦开视，已失所在。

《桐下听然》云：支硎山[①]有细泉，自石面罅[②]中流出，虽大旱不竭，俗呼马婆溺。相传支道人[③]养马迹也。万历庚子[④]，忽见干燥山中人云：有

① 支硎山：位于苏州市西郊，以东晋高士支遁（号支硎）得名，又名观音山。

② 罅（xià）：裂缝。

③ 支道人：即支遁（314—366年），东晋著名高僧，世称支道人。

④ 万历庚子：即万历二十八年，1600年。

贾胡[1]每夜烛光，凡半月，取一玉蟹而去。

郑明选[2]《蟹赋》曰：粤惟旁蟹，厥形环诡，二螯如傲，八足如跪。牡曰狼蚁，牝曰博带。孰辨其形，缘脐圆锐，体外刚而内柔兮，亶离德于南方；心躁急而含毒兮，足郭索而仄行；负玄甲以自卫兮，持双钺以为兵。流末喷而涛沸兮，明眸矗而星光；既随潮而壳解兮，亦应月而腹实；其气足以致鼠兮，其性足以已漆。若乃沮洳[3]之场，蛇蝉[4]之窟，或石窦谽谺[5]，或水穴汨潞[6]，乃就寂而冯[7]闲，讬兹地以为宅。虽空洞之微细，旷优游，如广室。或寄蛣蟩之腹[8]，纷相代以求食；或游蜿蝓之壳，伺开合以出入。惟秋冬之始交兮，稻粱菀以油油；循修阡与广陌兮，未敢遽为身谋；各执穗以朝其魁兮，然后奔走于江流；遂输芒于海若兮，若诸侯之宗周。于时也，厥躯充盈，厥味旨嘉。乃有王孙公子，豪侠之家，置酒华屋，水陆交加。薄脍鲤于炰鳖，羞炙鹗于鲐[9]虾。众四顾而踌躇，怅不余而咨嗟。有䰻[10]者纬萧

① 贾（gǔ）胡：经商的胡人，或泛指外国商人。

② 郑明选：生卒年不详，明代万历时官员，进士出身。

③ 沮洳：指地低湿。

④ 蝉：鳝鱼。

⑤ 谽谺（hān xiā）：山谷空阔的样子。

⑥ 汨潞：即潞汨（mì gǔ），水流湍急的样子。

⑦ 冯（píng）：同“凭”。

⑧ 寄蛣蟩之腹：在蛣蟩腹中，有寄居小虫，大如豆，形似蟹，合体共生，称蟹奴。蛴蟩，金龟甲的幼虫。

⑨ 鲐：原为“胎”，据意改。

⑩ 䰻（yú）：同“鱼”。

承流，捕而献之。宾客大笑，乐不可支。乃命和以紫苏，糁以山姜，捣以金齑，沃以璚浆。于是奉玉盘而出中厨，发皓手而剖圜匡。银丝缕解，紫腋中藏。膏含丹以若火，肌散素以如霜。味穷鱻[①]美，息极芬芳。宜乎君谟，误而致疾，毕卓持以忘生者也。尔乃种族不一，则有拥剑拨掉，蝤蛑鼋鼍，招潮望潮，蟛蜞蟛蝟，沙狗芦虎，虾江摊涂，石蜠竭扑，黄甲蛎奴，数丸蛶蠘，倚望蟛蝟，班形稍异，命名乃殊。或乃长亘数丈，螯如巨斧，冯凌扬波，力能拒虎。类赳赳之壮夫，环介胄而奋武。谅兹味之洵美，非人力之可取。若夫览山海于图经，阅王会于周书。或身广千里，或壳大专车。仰夏后之遐踪，企成周之无虞。哲王邈以幽远，情感慨而愁予。独佗傺而太息，忘好羞[②]之足愉。

海丰有赤蟹。见《岭南杂记》。

蛶虾出于蚊港。见《台湾纪略》。

高澹人[③]《扈从西巡杂记》诗曰：野淀弥漫一望迷，鱼庄蟹舍接通堤。远天云树依微里，只少楼台似浙西。又《雨中过密云县城西行田间》诗曰：密雨阴浓白鸟飞，径穿禾黍到柴扉。乡心忽记西畴事，水稻花香蟹渐肥。

周栎园《闽小纪》云：闽中海错，虽蛤不四

---

① 鱻（xiān）：同“鲜”。

② 好羞：指蟹。《周礼·天官·庖人》：“共祭祀之好羞。”郑玄注：“荐羞之物谓四时所膳食，若荆州之鱼，青州之蟹胥。”

③ 高澹人：高士奇（1645—1704年），字澹人。

明[1]，蟹不秦邮[2]，然种种咸备，使醢渍得宜，亦足匹美三吴，乃酿糟无法，腥咸相角，土人所珍蟥酱、土苗之类，尤不堪下箸也。

《旷园杂志》：桐城左国林，有友方某遇访，烹蟹十二，觞之。前一夕，左友胡与立，梦十二人向胡求救，曰："我本甲胄士，驰名秋水乡，哀鸣来乞命，急救十工堂。"且各道姓名。内一人则胡旧相识，亦与左交者也。胡惊寤，次日遇左言及，左惊曰："甲胄者，蟹也。十二者，左也。十二者，数相合也。中一人，亦我知识也。子不早告我，悔何及矣！"左由是戒蟹并及鳝鳖，向人劝诫之，后至朴树村，有友馈以十蟹，左欲不受，恐终不免鼎镬之苦，因载小舟放之长流中。左官南雄推官，有政声。

欧阳文忠公[3]《归田录》云：处士林逋，居于杭州西湖之孤山，逋工笔画，善为诗，如："草泥行郭索，云木叫钩辀。"颇为士大夫所称。惜不见全篇。

朱彝尊《西陂记》：垤泽，云者垤，以言阏伯之丘泽，睢水也。其地有蒲鱼萑苇之利，渔有村，蟹有舍。

普天乐词云：村村断蟹肥，日日湖菱贱。俗称嘉兴簖蟹是也。

① 四明：今浙江宁波。

② 秦邮：今江苏高邮。

③ 欧阳文忠公：欧阳修。

李日华[1]曰："吾郡风物极佳者，汾湖[2]紫蟹，陶庄黄雀，相湖银丝鱼，桃花里蚕时软壳虾，海盐鲻鲟白蚬，乍浦鹜鸟，澉浦澹牛乳，平湖马鲛，嘉善枫泾青口蚬，崇德石门子羊，超山白杨梅，四村筀竹笋，鹰窠顶松花蕈，皆他方所无。两角而弯者为菱，四角而芒者为芰。吾地小青菱被水而生，味甘美，熟之可代飧饭，其花鲜白，与苹蓼同时，正所谓芰也。春秋时，吾地入楚，屈到所嗜，其即此耶！此物东不至魏塘，西不踰陡门，南不及半路，北不过平望，周遮止百里内耳。"

《武夷记》：武夷君食石蛆、臜沙、虹鲊、河祇脯。

《钓玄录》：物多换骨，如人之齿、龙之骨、象之牙、鹿之角、蛇之皮、虾蟹之壳，皆终身一换。惟鹿则每岁一换，龙、象至六十年，骨全而后换也。

松雨斋《运泉约》云：槐火一篝，惊翻蟹眼。

海中虾蟹之壳，堆垛墙墉，夜或有光。余一日赴友人湖舫之招，既暮，偶烛灭，盘馔中有数器煜煜如荧火，烛来则灭，烛去复然，验之，乃猪胃也。客皆骇然，余曰："此必新盐所煮，海气未尽耳。"出《紫桃轩又缀》。

十月霜叶酣，黄沙柳尽脱。蟹敖入掌笑，傲无畦何惭。作渔子队耶。出《竹懒花鸟檄》。

---

① 李日华（1565—1635年）：明代戏剧家，浙江嘉兴人。

② 汾湖：在今浙江嘉善县。

河朔雄、霸与沧、棣皆边溏泺，霜蟹当时不论钱也。每岁诸郡公厨糟淹，分给郡僚，与转饷中都贵人，无虑杀十万命。余寮壻李公慎供奉，侍其季父守雄州。会客具饭。始启一藏瓮，大蟹满中，皆已通熟可啖。而上有巨蟹，肌体为糟浆浸渍，亦已透黄，而矍索瓮面，往来不可执。众客惊异，徐出而纵之泺中。用以戒杀者甚众。出《春渚纪闻》。

萧晅诗云：河桥两霁寒潮急，客路风清紫蟹肥。公讳晅，号雪崖，明大宗伯，泰和栗原里人。

王世贞诗云“蟹擘霜螯胜熊白”，又云“岁月持螯手，朝廷食肉身”。又《得佳酪巨螯新菜》云：“酸乳行温玉，烹苔间碧丝。螯霜落吾手，杯百竟何辞。不作他乡味，翻深故国思。醉来时自哂，张翰亦吴儿。”又云“客颜回把袂，吾手任持螯。”又云“持螯一醉星杓转”。又《访子与长兴道中》云“绿醽若下堪满盏，紫蟹湖头不论钱”。又云“何事蟹螯侬右手，拍浮长在酒船间”。又云“左手持杯右手螯”。又云“任遣持螯右手忙”。又云“试茶初动蟹眼”。又《双溪涧》云“一泓蟹眼吐沫，双涧燕尾分流。”又云“黄鸡紫蟹任肥美”。又云“故园桑落霜风软，紫蟹黄甘[1]事事丰”。又云“紫蟹黄鸡馋杀侬”。又《冬日村居》云“纬萧风急蟹全肥，黄雀头头饱不飞。”又《水仙子》词云“老龙呵，睡眠多日；螃蟹呵，横行几时；神龟呵，曳尾涂泥。”予阅《弇州四部稿》无。全首《咏蟹》诗搜索碎句，不过曰紫蟹，曰霜螯，曰右

---

① 甘：即柑。

手持而已，可知咏物之难。

与《吴子充》书云：洞庭始波，木叶微脱。桂醑枨螯，从一二乡老生谈子长[①]之壮游，口津津耸臂助奇。与《徐子言》云：两手持蟹敖，拍浮酒船中。此实语也。与《罗虞臣》云：瀛莫之间，饶鱼蟹足啖，浊醪浇磊块，无复可道者。大名一片读书地。以上出《四部》稿。

黄华王庭筠《凤楼梧》词云：紫蟹黄柑真解事。似倩西风，劝我归与未。

吴学士激诗云：蟹汤兔盏斗旗枪。

又《江南忆》云：平生把螯手，遮日负垂竿。浩渺渚田熟，青荧渔火寒。忆看霜菊艳，不放酒杯干。比老垂涎处，糟脐个个团。

蔡丞相松年《银州道中》云：小渡霜螯贱如土，重嵒[②]野菊大如钱。此时最忆涪翁语，无酒令人意缺然。

刘内翰著[③]诗云：船头鱼蟹不论钱。

郭邦彦诗云：我欲读《尔雅》，不辨螯蟹名。以上《中州集》。

宋至《持螯歌》云：今秋大涝平沟渠，潞河水势连直沽。鱼罾虾甼[④]张冲途，输困紫蟹常专车。作客经年谁欢娱，晨昏坐卧一卷书。雷殷云重愁未舒，空斋偃仰时欷歔。口腹嗜欲难驱除，

① 子长：司马迁（前145—？年），字子长。

② 嵒（yán）：同“岩”。

③ 刘内翰著：刘著（约公元1140年前后在世），年六十余始入翰林，唐宋称翰林为内翰。

④ 甼（tǐng）：田界。

百钱取蟹三十余。狼恺博带行庖厨，脐分长团牝牡俱。盐椒烝[1]之风味殊，形体磊砢堆盘盂。六跪二螯皆肥腴，匡郭丰满妙不枯。肪白直欲同砗磲，壳红更自媲珊瑚。蓟门煮酒如牛酥，酌以大斗何蘧蘧。老饕一醉凭人扶，解衣脱帽诚乐且。却忆设簖临江湖，灯光耿炯留菰蒲。夜深水静来渔夫，纵横乱走供纷拏。晓担竹筐向贾区，易薪换米得自如，昨闻梁苑水所都，四野汪洋倾茅庐。此物应亦生乡闾，村童争取当日晡。故园兄弟情非疏，登高分赋相招呼。霜螯在手酒累壶，东阡西陌寻茱萸。我独胡为劳形躯，一年十月长安居。急买扁舟歌与归，双桨南下随飞鸟。

汪钝翁[2]《得埜[3]凫湖蟹具馔》诗云：深秋风物好，小妇职砧刀。肥脆粗宜臛，尖团薄带糟。长腰供软饭，短水具新醪。郫人酿酒，以醇者为短水。未负便便腹，摩挲老兴豪。

又，《张六子不食蟹，诗以戏之》：埜凫肥可羹，江鲈鲜可斫。更取蟹谱观，相劝烹郭索。千郫罢亚如云屯，昨日输芒朝海神。试评尖团谁最美，二者风味皆可人。小着姜醯计非左，俛视鱼虾殊琐琐。嗟君不食意若何？食指必摇颐必朵。赤玉之盘黄金脂，酒酣奚但将螯持。君不见过江伧父非书簏，仅得蟛蜞贮空腹。

明程孟阳题王翘画蟹云：断苇寒潮里，菰蒋

---

① 烝：同“蒸”。

② 汪钝翁：即汪琬（1624—1691年），字苕文，号钝翁。清代文学家。

③ 埜（yě）：同“野”。

作稻粱。吴江枫落夜，公子已无肠。

宋范尧夫诗云：盘堆白玉鲈腴美，手擘黄金蟹壳肥。

《九域志》：定海六乡，蟹浦一镇。

晴川云：蟹为无肠公子，北方之国亦有无肠民也。

元李云阳《讯蟹说》[①]曰：客有恶蟹者得而束之，以蒲坐于庭，而讯之曰："尔之生也微，其为形也不类。尔之臂虽长而攘不加奋，足虽多而走不加疾，而徒欲恣睢睚眦，鳖躄戾契，以横行于世，尔果何恃而为此？吾将加尔于炽炭之上，投尔于鼎烹之中，刳尔形，剖尔腹，解尔支体，以偿尔横行之罪。尔有说则可，无说则死。"蟹于是怒目突瞳，拳足露胸，喘息既定，乃逡巡而言曰："噫！子何昏惑眩瞀而昧于天地之性乎？子之于物也，何见其外，而不察其内乎？子何深于责物，而不为人之责乎？吾之生也微，吾之形也不类，吾又长臂而多足，凡吾之所以为此者，天也！吾任吾性，则吾行虽横，亦何莫而非天哉？吾任性而居，吾循天而行，而子欲以为责我，是不知天也。然吾行虽横，而吾实无肠，无肠则无藏，无藏则于物无伤也。今子徒见吾外，而不察乎吾之内，是不知物也。世之人固有外狠而中恶者，此其内外交暴，又非若吾之悾悾乎中也？子何不是之责，而惟我之求乎？又有厚貌而深情者，其容色君子也，辞气君子也。衣服趋进，折旋唯诺，

①《讯蟹说》：元代李祁（1299—？年）撰。

皆君子也。而其中实嵌岩，深幽不可窥测，此又大可罪也。而吾子之不之责也何居？且吾之生也微，故吾之欲也易足。吾嚼啮藁枯，适可而止，饱则偃休蛇鳝之穴，而无营焉？吾又何求哉？吾之行虽横，不过延缘涉猎乎沙草之上，于物无损也，于类无竞也。而吾又何罪乎？吾任吾性，吾循吾天，而子欲加我于炽炭之上，投我于鼎烹之中，是亦天而已矣，而吾又何辞焉？”客于是俯首失辞，遽解其束，而纵之江。余读《易》至离，离为蟹故，蟹之刚在外，又离为火，火炎上故，蟹之性躁而急，此其得于天，有不可变者，人为物之靈，则虽顽嚚[①]凶辟，无不可变。彼不可变而不变，徒欲以横行之故，犹足以取恶于人，况乎可变而不变，则于肆行而不悛[②]者，其取恶于人也亦甚矣。呜呼！人固异于蟹也，异于蟹而不自异焉，又反有不蟹若者，此岂不深可愧也。余尝闻客讯蟹事，又因读《易》有感欲书之，未能适友人持三蟹图来观，故为述其说，如此观是图者，苟因予说而推之，其亦少有警也。夫公讳祁，字希蘧，茶陵人，登元统元年癸酉[③]左榜进士第二人。盖元取士有左右榜，其右榜第二，则余阙也。

《黄田港记苏子瞻赓唱》大夸：珠犀、鱼蟹之富。建德府。

又云：人近珠犀之山，颇亦富饶；郡居鱼蟹

① 嚚（yín）：愚蠢而顽固。

② 悛（quān）：停止。

③ 元统元年癸酉：1333年。

之乡，未为岑寂。

大泽荒陂，足鱼蟹浦莲之利。安吉州。

沃壤平畴，稻蟹独吴中之最；澄湖别溆，莼鲈亦天下之稀。平江府。

李璜云：鄞县富于稻蟹之利，地大物萃。

试考州图，有蕉荔蟹蚝之美。泉州。以上《方舆胜览》。

天井山上有五井，岁旱祈之，得蜥蜴、蛇、蟹之类，辄雨。《浙江通志》。

阮籍《清思赋》：彭蚌微吟。

杜子民诗：人穿鱼蟹市，路入斗牛天。万花谷，淮东路扬州。

《龙筋凤髓判》云：蚿[1]醢、雁醢之类，百代相因；龙酱、蟹酱之流，千龄不易。刘允鹏注曰：酱，醢也。今海上多造蟹酱。

蟹兜安放米内，则经久不蛀。《古今秘苑》。

河渚夏间小蟹，以酱连壳炒之，可下酒。

《广川书跋·孔戣志》云：当戣为华州刺史，奏江淮进海味，道路扰人，宪宗以其言忠，诏除岭南节度使。尝见隋炀帝时，责贡四方，而海错出，尤尽当时，如鮸鱼、虾子、含肚、鲈鱼、干脍、蜜拥剑、桂蠹、鲤腴，动辄千品劳人殄物，至江淮绝鱼。虽欲不亡，其可得耶？

唐子畏《墨竹》题云：嘈杂欲疑蚕上叶，萧森更比蟹爬沙。

网阔而疏蝤虾，其逋利以得鱼。出《潜庐》。

张超《诮青衣赋》云：三族无纪，绸缪不序。

① 蚿：原作"舐"，据《龙筋凤髓判》改。

蟹行索妃，旁行求偶。昏无媒理，宗庙无主。”《后集》引《佣吹录》作。张起《蟹行》“索妃”误。

《庄子》注：俗人博带峨冠强，为其服而无其实。今蟹名雌曰博带。

蟹螺之背微高，原形似之，即班固赋“原隰龙鳞[①]”之喻。

《汪召符传》：宋齐邱[②]召符乘舟痛饮，至石头蚵蛂矶下，沉杀之。《南唐书》。

《太平寰宇记》：蛎山在海中，潮上半没，潮落方见。其上多蛎，即螺蚌之类也。

《前汉书》[③]：河东郡有解县，师古音蟹。

宋孝宗食湖蟹多，致患冷痢。用新采藕节细研，以热酒调服，如其法，数服即愈。见《焦氏笔乘》。

《东京梦华录》云：东华门外市井最盛，盖禁中买卖在此。凡饮食、时新花果、鱼虾鳖蟹、鹑兔脯腊、金玉珍玩、衣着，无非天下之奇，其品味若数十分，客要一二十味下酒，随索目下便有之。其岁时果瓜蔬茹新上市，并茄瓠之类，新出每对可直[④]三五十千，诸阁分争以贵价取之。

又云：皇城东角楼街北，每日平明市，买“羊头、肚肺、赤白腰子、妳房[⑤]、肚肱、鹑兔、鸠鸽野味、螃蟹、蛤蜊之类”。

---

① 原隰（xí）龙鳞：原隰，广平与低湿之地，亦泛指原野。龙鳞，地之畦疆相交错成文章。见班固《两都赋》。

② 宋齐邱（885—958年）：唐末人。

③《前汉书》：即班固《汉书》。

④ 直：同“值”。

⑤ 妳房：乳房。

州桥张家有“生炒蛤蜊、炒蟹、渫蟹、洗手蟹”“又有外来托卖……姜虾酒蟹。”

马行街“冬月虽大风雪阴雨，亦有夜市：㓦子姜豉、抹脏、红丝、水晶脍、煎肝脏、蛤蜊、螃蟹、胡桃、泽州饧、奇豆、鹅梨、石榴、查子、榅桲、糍糕、团子、盐头汤之类。”

“中秋节前，诸店皆卖新酒，重新结络门面。”“是时螯蟹新出，石榴、榅桲、梨、枣、栗、孛萄[1]、弄色枨橘，皆新上市。”

“是月立冬前五日，西御园进冬菜……于时，车载马驰，充塞道路。时物：姜豉、㓦子、红丝、末脏、鹅梨、榅桲、蛤蜊、螃蟹。”

《云烟过眼录》：“袁巇蟹”，高宗题，尤氏所藏。

《洞天清录》“镇纸”云：蹲虎、辟邪有红绿玛瑙蟹，可为奇绝。

裁刀靶惟西番鸂鶒木最为难得，其木一半紫褐色，内有蟹爪纹；一半纯黑色，如乌木。裁刀，古刀笔，古人用以杀青为书，今人入文具。仝上。

蜀人宋永锡画花竹禽鸟鱼虾，学梁广，善传色。有写生《荷花》二，《鱼蟹图》二。

文臣刘寀，字道源，善画鱼，得戏广浮深相忘江湖之意，御府所藏。三十一皆鱼也，内鱼蟹一幅。见《宣和画谱》。

雄州右跨白沟河，前临易水，有鱼蟹菰蒲之利。厥中秋，登楼台赏月华，荐蟹观鹤。《王齐嘉会》记。

---

① 孛萄：即葡萄。

翔孤鹤于高云，荐巨蟹以新醪是也。又季秋是月也，作蟹、酿菊酒甲他处。《雄乘》。

《博济方》：妇人崩中腹痛，蟹壳烧存性，研细米饮，每调下一钱，取效止。

紫云风，用稀莶、苍耳、雄黄末十分之一，以醇漆为丸，蟹黄搅和化水入药，每日酒服三钱，日二服愈。跌打重伤，大活蟹一只，捣烂热酒冲服，立效。

治周身打伤，以大活蟹一只，小者二三只，捣烂热老酒冲服，尽量过宿，即愈。

食蟹牙根肿，以朴硝搽之自消。

蟹及鳖从屋下出者，食之杀人。杭城一家见蟹从屋下出，取而食之，父子俱毙。

服芾蒂及食柿，忌食蟹，犯者能作泻。以木香磨汁服之，自解。仝上。

张子韶《心传录》云：予平生恶杀，见活物必纵之。尝记与高抑崇同舟入京师时，淮上多蟹，抑崇欲买食，而樊实相从，亦在舟中，且以先生戒杀为言。抑崇不领，自买数十只，投釜煮之，置一盎中，箕坐大嚼，又旁呼樊子同食，樊子畏避不敢。顷刻独尽。时杨先生在中路到其所，因以仁为问，且说抑崇暴殄之事，先生因云："抑崇安可如此？子韶戒杀，而子故杀，何也？"少刻告退，先生独见留徐云："子韶以周公为仁人否？"曰："安得不谓之仁人？"公见他甚处是仁，曰："周公爱商民，不忍加刑，叮咛训告，欲化以德。其后周家仁及草木，皆公之推也。"先生曰："固是公不见他兼夷狄，驱猛兽，灭国者五十，是甚手段？此又不比杀蟹，旧常与高子说，恐以此默激公耳。公又不可执着，自此渐觉于仁，上无拘碍，真良药也。”深中此病。

东坡谪居黄州《与秦太虚书》曰：“所居对岸武昌，山水佳绝。有蜀人王生在邑中，往往为风涛所隔，不能即归。则王生能为杀鸡炊黍，至数日不厌。又有姓潘者，作酒店樊口，棹小舟径至店下，村酒亦自醇酿。柑橘椑柿极多，大竽长尺余，不减蜀中。外县米斗二十钱，有水路可致。羊肉如北方，猪牛麞[1]鹿如土，鱼蟹不论钱。岐亭监酒胡定之，载书万卷随行，喜借人看。黄州曹官数人，其家善庖馔，喜作会。太虚视此数事，吾事岂不济矣乎？读至此想见掀髯一笑也。”予观东坡所言，皆真情逸兴，随寓而适。予居南安，所食止有白猪、大竽，土瓜酒虽佳，予素不喜饮。鱼蟹绝无庖者，亦难得。予平生性又不喜游，然终日闭户，倚柱著书度日。见东坡所说乐极无涯，予若在个中，亦块然一物耳。又不如自适其所适也，自顾怪僻，良可大笑。仝上。

明陈白阳《题画菊》第七首云：九月湖头蟹正秋，儿童收秫酿新篘[2]。明须急发扁舟去，莫遣黄花为我愁。陈君讳淳，字道复，后以字行，别字复甫，苏郡长洲之大姚村人也，以诗名家，而尤工于书画，有集若干，卷曰《白阳集》，盖以先墓在白阳山，故以为号，而当世亦称之曰白阳先

① 麞：同“獐”。

② 篘：（chóu）：指酒。

生。其书出入米、蔡，其云山花鸟，兼张长史、郭恕先之奇，片楮尺缣，人争购之。

《吴子副送性之诗有"老子只堪持蟹螯"之句因寄之》：秋来残暑犹顽赖，推挤不去吁可怪。哦君妙语齿颊清，冰壶照人吐精彩。绝知此公风味高，想见尊前持蟹螯。说禅不用朱藤杖，看月却披宫锦袍。大藩衣冠蔚城市，君所过从天下士。忘怀一笑饯年华，醉里千篇是生计。相知何必盖须倾，此语荒唐却认真。人生怀抱要磊落，他年相逢是故人。宋释德洪，觉范。

《和曾倅喜雨》云：犹胜怒及水中蟹，不合郭索持双螯。仝上。

支华平《禁私征》云：夫并湾熟海，既栽佃，蛤螯取租矣。蠊蜨，小利又取息矣。大洋之鱼，何预人事而亦税之乎？

天启[①]中，客氏喜食蟹，宫女剥蟹肉叠成花鸟、游鱼、蝴蝶之形。沈乐城说。

《周易音义》[②]云：解天，音蟹[③]。人语亦新也。

沈明臣《邬氏山斋食烧蟹歌》：淮霜蟹肥何崛强，江沙黄甲深遁藏。秋高郭索输稻芒，海客徒夸海味长。邬家厨头生异香，纤手出自闺中良。想当临鼎炊桂浆，细剁青葱杂椒姜。玉盘高叠黄

---

① 天启：1621—1627年。

②《周易音义》：唐代陆元朗（550—630年）撰。

③ 解天，音蟹：原文为"蟹天蟹"，据原引文改。

甲张，触鼻垂涎不待尝。攘臂眷[①]鞲[②]恣大嚼，擘开红玉凝膏肠。须臾盘空恨指众，浇以黄流[③]三百觥。世间快事那如此，何不封我淮南王。

《天步真原·世界篇》云：太阳入巨蟹初度，火星先太阳东出，天气极热。

高鹏飞《次静海令盖晞之食蟹》：吴中郭索声价高，草泥足上生青毛。越中海市喧儿曹，白蟹厌饫霜前螯。新丰逆旅酒濯足，齐国相君饭脱粟。当时珍味无所需，吴越土宜俱碌碌。

高续古诗：左杯右蟹一舟足，早韭晚菘三亩强。

《三山杂言》：蟹蝐长解红甲，蛎黄复剖紫房。不信西施有舌，惟知公子无肠。俞安期《翏翏集》。

鄞县有范公差，夜往余姚，半空天忽响亮，见火光从蟹钳出，蟹钳之大如海帆，有龙咷于云中，不见其首，唯两眼如盘盖。蟹以火烧龙，龙下冰雹敌之，而火愈炽，不知蟹果胜龙否也？张彦芳说。

王阮亭《池北偶谈》载，闽人林嵋著《蟛蜞集》十卷，盖以蟹名其集。

又阮亭诗云：滦鲫黄羊满玉盘，莱鸡紫蟹等闲看。不如随分闲茶饭，春韭秋菘未是难。《居易录》。

《集异志》：晋武太康四年[④]，会稽蟹化鼠食稻，谓听谗谀宠任贾充、杨骏之应也。秋雨弥旬，稻田出蟹甚众，每剪稻梗而食，陆地草内亦

---

① 眷（juǎn）：挽起袖子。

② 鞲（gōu）：皮质臂套。

③ 黄流：酒。

④ 晋武太康四年：即，283年，太康为西晋晋武帝司马炎年号。

多小蟹。

《齐民要术·藏蟹法》：九月内，取母蟹。母蟹脐大，竟腹下；公蟹狭而长。得则水中，勿令伤损及死者，一宿腹中净。久则吐黄，吐黄则不好。先煮薄糖，糖，薄饧。着活蟹于冷糖瓮中一宿。着蓼汤，和白盐，特须极咸。待冷，瓮盛半汁，取糖中蟹，内着盐蓼汁中便死。蓼宜少着，多则烂。泥封二十日，出之。举蟹脐，着姜末，还复脐如初。内着坩瓮中，百个各一器，以前盐蓼汁浇之，令没。密封，勿令漏气，便成矣。特忌风里，则坏而不美也。

又法：直煮盐蓼汤，瓮盛，诣河所，得蟹则内盐汁里，满便泥封。虽不及前味，亦好。慎风如前法。食时下姜末调黄，盏盛姜酢。仝上。

朝鲜馆夷语呼鲤鱼曰“扳果吉”[①]，曰“立我”；呼虾蟹曰“洦必格以”[②]，曰“哈害”。琉球呼鱼曰“亦窝”，龟曰“嗑乜”，而无蟹。《稽古堂藏书》咏：距滄蛩善负，蚕绩蟹呈筐。《浮山集》。

自序篇：齐恕蚶螯烹蛤蜊，贫拘蝾蝛畏蛸蛑。自注云：串用何胤[③]、夏统[④]事。又云：锐前郭索输虮蚓，愈痼蟾蜍注鼋䵷。音去鹜。

《武功游记》：武功为袁吉之岳，以葛仙名，永平前峰为翠屏，第三折为回头尊，尊之下屏石垂绡所泄，为蟹蠡汇。以上俱《浮山集》。

---

① 扳果吉：朝鲜语“펀지”（鲤鱼的古音）的音译。

② 洦必格以：朝鲜语“새우게”的音译。

③ 何胤：见《晴川蟹录》卷一《谱录》“侈味”条引《南史》文。

④ 夏统：见《晴川蟹录》卷一《谱录》“为菑”条引《隐逸传》文。

天顺[①]时，西溪周谟《百咏》旧题，有蟹埭虾兜。按：虾埭兜在西溪之西北，古塘畈口。

《子夏易传》[②]：为鳖、为蟹、为蠃、为蚌、为龟，骨刚于外也。唐李鼎祚《集解》曰：此五首皆取外刚内柔也。按：《汉艺文志》无《子夏易传》，《隋唐志》始有《卜商传》二卷，云已残缺。今书十一卷，首尾完具，晁景迂曰：此唐张孤所作。

刘渭阳《桂枝香·咏蟹》云：断埼渔舍。正落叶寒波，折芦秋夜。几处篝灯映水，晚潮初卸。横行细听爬沙迟，任延缘，乱投帘罅。青匡掩就，紫绣携来，晓廛[③]腾价。

便擘向，翠樽缘斝。记分湖渡口，结鲚亭下，呼取酒徒，品较尖团黄赭。苹洲蓼岸相逢处，扶一苇，宛成图画。俊味初肥，兔华消尽满塍红稼。

《梦林玄解》：梦黄甲蟹，贞吉。占曰：黄色似金甲，有科甲、甲兵二义。士人梦之，名登金榜；武将梦之，威着虏庭。若疾病、词讼梦之，必主解散交易；婚姻梦之，必主难成。

蟹为甲胄横行之象，蟹满田原者，众多之兆，梦此主兵戈扰攘，寇盗纵横。有国家者当修城郭，缮器械，严武备，以预防之。

蟛蜞，一名蟛蜞，似蟹而小，凡梦之者甚非

---

① 天顺：1457—1464年，天顺为明英宗朱祁镇第二次登基后的年号。

②《子夏易传》：旧本题卜子夏（前507—？年）撰。

③ 廛（chán）：同“廛”，民居，市场。

吉兆。疾病梦此，主膨胀、呕吐；词讼梦此，主越枉、欺凌；若有兵权而作威福者，梦此当思菹醢之戒。

一士人赴省应试，梦得蟹而去其足，以问占者，曰："蟹去足乃解字也，当为解元。"及榜出，果第一。仝上。

海盐张宁家藏石蟹一枚，其体如玉，以水磨之，腥气如蟹，病目者涂之，能脱皆定痛。《方渊杂录》。

元李孝先《大龙湫记》：西北立石，作人俯势。更进百数步，如树大屏风，而其颠谽谺[①]，犹蟹两螯，时一动摇，行者兀兀不可入。

《渭南词》[②]：侧船篷，使江风，蟹舍参差渔市东。到时闻暮钟。

《冬日》诗云：山暖已无梅可折，江清犹有蟹堪持。《神山歌》云：有手惟可持霜螯。《病酒》云：尚无千里莼，敢觅镜湖蟹。又，《饭罢作》：蒸鸡最知名，美不数鱼蟹。《夜饮即事》：磊落金盘荐糖蟹，纤柔玉指破霜柑。又，《客谈荆渚武昌》：洞庭四万八千顷，蟹舍正对芦花洲。《丰城村落》云：菰正堪炊蟹正肥。《暮归舟中》：蟹舍丛芦外，菱舟薄霭间。《舟中晓赋》：香甑炊菰白，醇醪点蟹黄。《海错侑酒》云：满贮醇醪渍黄甲，密封小瓮饷红丁。又云：两螯何皋蟹丧躯。《小酌》云：团脐磊落吴江蟹，缩项轮囷汉水鳊。

---

① 谽谺（hān xiā）：山谷深的样子。

②《渭南词》：陆游词集。陆游曾封渭南县伯。此句题为《长相思·五之二》。

《秋郊》云：水宿依蟹舍。《新秋感事》：半榼浮蛆[1]初试酿，两螯斫雪又尝新。《秋社》云：稻蟹雨中尽，海氛秋后空。《立冬后小饮》：传芳那解烹羊脚，破戒犹惭劈蟹脐。《石洞饷酒》云：鱼长三尺催脍玉，巨蟹两螯仍斫雪。《醉中歌》：浔阳糖蟹径尺余。又云：蟹螯正可左手持[2]。《霜夜》云：黄甘磊落围三寸，赤蟹轮囷可一斤。《雨三日歌》云：轮囷新蟹黄欲满，磊落香橙绿堪摘。小饮云：双螯初斫雪，珍羞已披绵。又云：新橙宜蟹螯[3]。《新秋》云：溪女留新蟹，园公饷晚瓜。《村邻会饮》云：披绵黄雀曲糁美，斫雪紫蟹椒橙香。《次苏叔党北山诗》云：尖团擘霜蟹，丹漆饤山果。《寄题季长饰庵》云：何由共杯酒，把蟹擘黄柑？《近村民舍小饮》：霜蟹初把螯，丝莼小添豉。《秋日杂咏》云：菰蒲风起暮萧萧，烟敛林疏见断桥。白蟹鲎鱼初上市，轻舟无数去乘潮。《悲歌行》：有口但可读《离骚》，有手但可持蟹螯。《对食戏咏》：橙黄出臼金齑美，菰脆供盘玉片香。客送轮囷霜后蟹，僧分磊落社前姜。《示客》云：紫蟹迎霜径盈尺，白鱼脱水重兼斤。《秋晚村舍》：潮壮知多蟹，霜迟不损荞。《村居》云：斋居每袖持螯手，妄想宁流见曲涎。《戒杀》云：既畜鸡鹜群，复利鱼蟹贱。暴殄非所安，击鲜况亲见。《对酒》云：染丹梨半颊，斫雪蟹双螯。又云：

---

① 浮蛆：酒。

② 语出陆游《醉歌》。

③ 语出陆游《风雨》。

黄甲如盘大，红丁似蜜甜[①]。《视东皋归小酌》：不负初寒蟹螯手，床头小瓮拨新醅。《稽山行》：村村作蟹椵，处处起鱼梁。又《醉中》云：披绵珍羞经旬熟，斫雪双螯洗手供。《初秋即事》：擘蟹时须近酒觥。《读近人诗》：君看大羹玄酒味，蟹螯蛤柱岂同科?《秋来杂赋》：啄黍黄鸡嫩，迎霜紫蟹新。《酒熟书喜》：久厌膻荤愁下筋，眼明湖上得双螯。

《偶得长鱼、巨蟹，命酒小饮，盖久无此举也》：老生日日困盐齑，异味棕鱼与楮鸡。敢望槎头分缩项，况当霜后得团脐。堪怜妄出缘香饵，尚想横行向草泥。东崦夜来梅已动，一樽芳酝经须携。以上陆放翁蟹摘句。

明僧大善[②]《长流涧》诗云：涧蟹横行翻下上，藤花随水逐高低。

天目中峰和尚[③]二月旦示众云：你还知命存呼吸么？壮色不停。犹如奔马么？或不趁此呼吸未断之顷，壮色可玩之时，拌性命，提起话头。与之挨拶讨个分晓。其落汤螃蟹之喻，咎将谁归。

又云：带甲者潜于深渊，负鳞者纵于巨壑，无一众生不成正觉。

《题罗汉揭厉图》云：诸佛海，众生海，闻前

① 语出陆游同题诗《对酒》。

② 明僧大善：释大善，号虚闻道人，崇祯（1628—1644年）初人。语出《西溪百咏》。

③ 天目中峰和尚：即元朝僧人明本禅师（1263—1323年）。语出康熙年间（1662—1722年）北京圣感寺住持超永编《五灯全书》“临济宗 南岳下二十二世”。

辈已尝置之一毫腹中，声闻虽超越分段生死，具跨虎缚龙之力，而不能与境混融，区区附形体与鱼、鳖、虾浮沉于粘天鲸浪之间，自谓神通不可及矣！宜乎黄檗有斫折其胫之怒，虽然也，是为他闲事长无明。《中峰广录》。

《梦粱录》：彭蚏，产盐官……西湖旧多葑田，蟹鳌产之。今湖中官司开坼荡地，艰得矣。

杭城“沿街头盘叫卖……糟羊蹄、糟蟹……又有挑担抬盘架，卖江鱼、石首、鲭鱼、鲳鱼、鳗鱼、鳞鱼、鲚鱼、鲫鱼、白虾鱼、白蟹、河蟹、河虾、田鸡等物。”

“分茶酒店”：杭城食店，多是效京师人，开张亦效御厨体式，贵官家品物。”如“赤蟹、假炙鲎、枨醋赤蟹、白蟹、辣羹、蝤蛑签、蝤蛑辣羹、溪蟹、柰香盒蟹、辣羹蟹、签糊齑蟹、枨醋洗手蟹、枨酿蟹、五味酒酱蟹、酒泼蟹。

“荤素食店”：有“水晶包儿、笋肉包儿、虾鱼包儿、江鱼包儿、蟹肉包儿、鹅鸭包儿”，又有“羊肉馒头、太学馒头、糖肉馒头、笋肉馒头、鱼肉馒头、蟹肉馒头”。

“市肆谓之‘团行’，盖因官府回买而立此名，不以物之大小，皆置为团行……如城西花团、泥路青果团、后市街柑子团、浑水闸鲞团。又有名为‘行’者，如官巷方梳行、销金行、冠子行、城北鱼行、城东蟹行、姜行、菱行、州北猪行、北侯潮门外南猪行、南土北土门菜行、坝子桥鲜鱼行、横湖头布行、鸡鹅行。”以上俱吴自牧《梦粱录》。自牧，宋钱塘人。

《寄彭城交旧》[1]云：白鱼紫蟹秋初美，戏马飞鸿梦屡游。《菱湖遗老集》。

“余尝入石袍山涧中，偶见二头，一食蟹，一食蚓，见人惊起。食蚓者尚衔蚓而飞，蚓食尺许，双耳习习，如飞鸟之使翼也。獠俗贱之，不与婚娶。”《粤西丛载》。

《相台》[2]岳珂肃之云《九江霜蟹比他处墨，膏凝溢，明冠食谱。久拟遗高紫微，而家僮后期未至，以诗道意》：君不见东来海蟹夸江阴，肌如白玉黄如金。又不见西来湖蟹到沔鄂，玉软金流不堪斫。九江九月秋风高，霜前突兀瞻两螯。昆吾欲割不受刀，颇有长碧流元膏。平生尊前厌此味，更看匡卢拂空翠。今年此曹殊未来，使我对酒空悠哉。旧传骚人鍊奇句，无蟹无山两孤负。不到庐山孤负目，不吃螃蟹孤负腹。昔人句也。老来政欠两眼青，那复前筹虚借箸。只今乡国已骏奔，军将日高应打门。流涎便作曲车梦，半席又拟钟山分。先生家住岷峨脚，屡放清游仍大嚼。襟期尽醉何日同，试筮太玄呼郭索。

《咏螃蟹》云：无肠公子郭索君，横行湖海剑戟群。紫髯绿壳琥珀髓，以不负腹夸将军。酒船拍浮老子惯，咀嚼两螯仍把玩。庐山对此眼倍青，愿从公子醉复醒。《谢赵季茂海错》云：苜盘朝日照蓬蒿，消得长吟赋老饕。喜见监州有螃

---

①《寄彭城交旧》：原题《再送潘仲宝兼寄彭城交旧》，作者贺铸（1052—1125年），北宋词人。

②《相台》：即《相台五经》，南宋岳珂（1183—1234年）编撰。岳珂，字肃之，号倦翁，岳飞之孙。

蟹，未须学士议车螯。以上俱《玉楮诗稿》。

龚希仲[1]《中吴纪闻》：吴之出蟹旧矣。《吴越春秋》云："蟹稻无遗种[2]。"又陆鲁望集有《蟹志》云："渔者纬萧，承其流而障之，曰蟹簖。"又曰："稻之登也，率执一穗，以朝其魁，然后纵其所之，今吴人谓之输芒。"

宋尤玘云："兵部侍郎五湖公讳棐……性爱蟹。秋风蟹肥日，把酒持螯，与客笑傲山阴。术士袁大韬者，其术动帝王，孝宗时时召前席，赐赉不可胜计。大韬挟人主之宠，往来三公九卿间，而与兵侍公最昵，一日，访公里第，值公在华藏寺，遂操扁舟擢湖而来。公方与客饮云海亭上，渔人网得八大蟹，其内有二，大几一斤，非复平日所见。公甚喜，捐钱数百文赏之。而大韬适至，喜而剧饮。大韬曰：'某近遇一异术，能知人食料。'兵侍公曰：'今得八蟹，一主六客，孰兼食者？'大韬嘿坐，屈指数十回算之，面渐赤，大叫曰：'异事！异事！七人俱不得食蟹。'众皆大笑。大韬复嘿，算者久之，谓兵侍公曰：'公五年以内未得食蟹。'公亦大笑。未几，客有朱朗卿与弟遂卿者偕至。酒方数行，催庖人治蟹甚急，忽遂卿奔来曰：'吾兄催蟹，启釜观之，睹一落足甚巨，取而尝之，顷刻眩倒。'众共奔

---

① 龚希仲：龚明之（1091—1182年），字希仲、熙仲，著有《中吴记闻》。

② 蟹稻无遗种：《吴越春秋》今非全本，后人著书多有引用，考之不见于今本。《国语》所载，与高德基引用之《吴越春秋》句，均为"稻蟹不遗种"。

视，朗卿死矣。二三客迎医治朱，各司其事，至暮遂不能救。大韬手取诸蟹倾于湖滨，偶遗一二落足于岸，左一犬食之，立毙。而湖滨大小鱼之死者，不可以数计。湖中渔舟百十，皆仰尤氏为衣食者，乃召进蟹人问之，曰：'得于湖岸大赤杨下。'公命仆夫持插掘之，得赤首巨蛇数十。蟹之大者，以久餐毒气也。兵侍公甚怜朗卿，厚葬之而恤其子弟，厚赐大韬数十金，终身戒不食蟹。”《万柳溪边旧话》。

又《玉楮诗藁·以螃蟹寄高紫微践约，侑以雪醅，时犹在黄冈》：前朝无蟹惟有诗，亦复无酒供一瓻。今朝有蟹仍有酒，极目征帆更搔首。古来乐事夸持螯，赤琼酿髓玄玉膏。菊花吹英好时节，况是九日将登高。旌旗半江笳鼓发，不作诗人淡生活。待君净洗沙漠尘，归趁看灯更奇绝。肃之自注云：蟹至正月重出，俗谓之看灯蟹。

《赵季茂遗予郭索，侑之以诗。予早上亦遣山肴两介，盖相与驾肩也，因和二首》：驿书传驿使，江蟹出江湄。目早同虾睅，螯曾与虎持。紫髯卸金甲，赤髓映琼肌。正是清霜月，相从无厌时。倚桂傍岩麓，采芝行谷湄。偶因山雨驻，何有岭云持。鼎毛朝欺腹，窗寒夜切肌。开奁应一笑，会有忆人时。仝上。

王鲁斋[①]《造化论》：蟹蛰而体凝。

① 王鲁斋：王柏（1197—1274年），号鲁斋，南宋金华“北山四先生”之一。

张良臣[①]诗：浊醪初熟荐霜螯，不拟寒山不广骚。

元方回[②]《过临平》诗：蟹断非羲卦，渔榔即舜韶。《桐江续集》。

《适安惠糟蟹新酒》云：伟哉无肠公，横行占江湖。几欲肆其雄，上山攫于菟。无端四五辈，怀椒寻酒垆。枕藉糟丘下，醉魂呼不苏。尚想横戈勇，胸次与世殊。开怀风味佳，大丹液膏腴。此宝君所储，何为贻老夫。曲生挟之前，烂然陈座隅。当其左持螯，不知竭此壶。酩酊无何乡，轩冕不关渠。东望歌老饕，前溪梅影疏。南宋钱塘陈起[③]宗之《芸居乙稿》。

《得蟹无酒》云：水乡秋晚得白蟹，望断碧云无酒家。此意凄凉何所似，渊明醒眼对黄花。南宋卢陵刘仙伦[④]《招山小集》。

《元和志》[⑤]：鉅鹿县[⑥]大陆泽，一名鉅鹿泽，在县西北，东西二十里，南北三十里，葭、芦、茭、莲、鱼、蟹之类充牣[⑦]其中。《论衡》[⑧]云：保虫三百，人为之长。由此言之，人亦虫也。人食

---

① 张良臣：约公元1174年前后在世，南宋诗人，所引诗题《酒熟》。

② 方回（1227—1305年），元代诗人。存《桐江集》4卷，《桐江续集》36卷。

③ 陈起：字宗之，南宋刻书家。所著诗集有《芸居稿》。

④ 刘仙伦：号招山，庐陵（今江西吉安）人，南宋诗人。

⑤《元和志》：即唐代李吉甫（758—814年）撰《元和郡县图志》，是现存最早的古代总地志。

⑥ 鉅鹿县：今巨鹿县，在河北省邢台市中部。

⑦ 充牣（rèn）：充满。牣：同“韧”。

⑧《论衡》：东汉王充（27—97年）撰。

虫所食，虫亦食人所食。俱为虫而相食物，何为怪之？设虫有知，亦将非人。夫虫食谷，犹有止期，犹蚕食桑，自有足时也。生出有日，死极有月，期尽变化，不常为虫。甘香渥味之物，虫生常多。人遍食之，而迄无止期也。余作《续蟹录》非徒传征蟹事，亦欲人节饮食，薄滋味，毋纵口所嗜而已。故引《商虫篇》终焉。

图书在版编目（CIP）数据

晴川蟹录；晴川后蟹录；晴川续蟹录 /（清）孙之騄撰；何宏，赵炜校注. —北京：中国轻工业出版社，2024.1

（中国饮食古籍丛书）

ISBN 978-7-5184-3867-9

Ⅰ. ①晴… Ⅱ. ①孙… ②何… ③赵… Ⅲ. ①蟹类—饮食—文化—中国—清代 Ⅳ. ①TS971.202

中国版本图书馆CIP数据核字（2021）第280343号

责任编辑：方　晓

策划编辑：史祖福　方　晓　　责任终审：张乃柬　　封面设计：董　雪

版式设计：锋尚设计　　　　　责任校对：晋　洁　　责任监印：张　可

出版发行：中国轻工业出版社（北京鲁谷东街 5 号，邮编：100040）

印　　刷：鸿博昊天科技有限公司

经　　销：各地新华书店

版　　次：2024年1月第1版第1次印刷

开　　本：787 × 1092　1/16　印张：15.75

字　　数：240千字

书　　号：ISBN 978-7-5184-3867-9　定价：68.00元

邮购电话：010-85119873

发行电话：010-85119832　010-85119912

网　　址：http://www.chlip.com.cn

Email：club@chlip.com.cn

171659K9X101ZBW